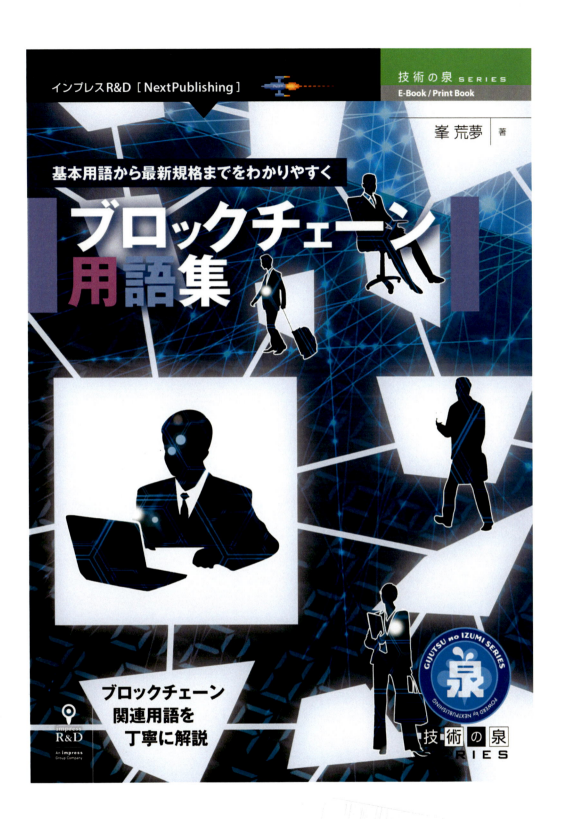

目次

はじめに ……………………………………………………………………………………… 8

1. 基礎技術………………………………………………………………………………………… 9

1.1 ハッシュ…………………………………………………………………………………… 9
　ハッシュの概要 ………………………………………………………………………… 9
　　　　　　　 …………………………………………………………………………………10
　ハッシュの例 ……………………………………………………………………………11
　ダブルハッシュ …………………………………………………………………………12

1.2 Base58………………………………………………………………………………………13
　Base58 の概要 ……………………………………………………………………………13
　Base58 が使われているサービス ……………………………………………………14

1.3 SHA-256……………………………………………………………………………………15
　SHA-256 の概要 …………………………………………………………………………15
　SHA-256 のアルゴリズム ………………………………………………………………16
　SHA-2 規格 ………………………………………………………………………………17
　SHA-256 が使われているサービス ……………………………………………………17
　SHA-1 から SHA-2 への移行 …………………………………………………………18

1.4 秘密鍵・公開鍵……………………………………………………………………………19
　公開鍵暗号の概要 ………………………………………………………………………19
　共通鍵暗号方式 …………………………………………………………………………19
　公開鍵暗号方式 …………………………………………………………………………19
　秘密鍵 ……………………………………………………………………………………19
　公開鍵 ……………………………………………………………………………………19
　署名 ………………………………………………………………………………………20
　秘密鍵・公開鍵の活用事例 …………………………………………………………20

1.5 マークルツリー（Merkle Tree）………………………………………………………23
　マークルツリーとは ……………………………………………………………………23
　ビットコインへの応用 …………………………………………………………………24
　SPV とマークルツリー …………………………………………………………………25
　大きなデータをブロックチェーンに書き込む ……………………………………25

1.6 楕円曲線暗号………………………………………………………………………………26
　秘密鍵・公開鍵 …………………………………………………………………………26
　楕円曲線とは ……………………………………………………………………………26
　楕円曲線暗号による公開鍵の生成……………………………………………………28

2. アルゴリズム ...31

2.1 コンセンサス・アルゴリズム ...31
コンセンサス・アルゴリズムとは ...31

2.2 プルーフ・オブ・ワーク (PoW) ...31
プルーフ・オブ・ワークの概要 ...31
プルーフ・オブ・ワークの役割 ...32
ナンス探し ...33
マイニング ...34
スパムメール防止のための仕組み「ハッシュキャッシュ」 ...34

2.3 プルーフ・オブ・ステーク (PoS) ...35
プルーフ・オブ・ステークの概要 ...35
コイン報酬 ...36
プルーフ・オブ・ステークを使うブロックチェーン Ethereum ...37
移行時期 ...38

2.4 プルーフ・オブ・インポータンス（PoI） ...38
NEM ...38
Hervesting ...39
どれだけ NEM に貢献しているか ...40

2.5 PBTF ...40
PBFT の流れ ...41
PBFT のメリット ...42
PBFT のデメリット ...43

2.6 シャーディング ...43
シャーディング導入計画のこれまで ...43
Ethereum 2.0 の中のシャーディング ...44
シャーディングの課題 ...46
シャーディングの今後 ...46

2.7 マイニング ...46
マイニングの概要 ...46
マイニングをおこなう理由 ...47
マイニングをおこなっているのは誰か？ ...47

3. ブロックチェーンの種類 ···49

3.1 パブリックチェーン ··49
パブリックチェーンの特徴 ··50
パブリックチェーンのメリット ····································50
パブリックチェーンのデメリット ··································51
ビットコイン ···51

3.2 コンソーシアムチェーン ··52
コンソーシアムチェーンの定義 ····································52
コンソーシアムチェーンの特徴 ····································53
コンソーシアムチェーンの例 ······································54

3.3 プライベートチェーン ··56
プライベートチェーンの定義 ······································56
プライベートチェーンの特徴 ······································57
プライベートチェーンの事例 ······································58

3.4 サイドチェーン ··60
サイドチェーンが作られた背景 ····································60
サイドチェーンとは ··60
Blockstream ··60
サイドチェーンの特徴 ··61
サイドチェーンの問題点 ··63
サイドチェーンの実装事例 ··63
Liquid ···63
Rootstock ··64

4. 仕組みに関する用語 ··66

4.1 51%問題 ··66
51%問題の概要 ··66
マイニングプール ··66
GHash.io ···67
51%問題による影響 ··68

4.2 ビザンチン将軍問題 ··69
ビザンチン将軍問題の概要 ··69
ビザンチン将軍問題の具体例 ······································70
ビザンチン将軍問題とビットコイン ································71
ビザンチン将軍問題とブロックチェーン ····························72

4.3 ファイナリティー ··72
ファイナリティーとは ··72
Proof of Work におけるファイナリティー ·························73
プライベートブロックチェーンにおけるファイナリティー ·············73

4.4 取引手数料 ··75
取引手数料の概要 ··76
取引承認の優先度を決める ··76
どのように取引手数料は決まるのか ································76

4.5 採掘難易度（Difficulty） ······································78
採掘難易度（Difficulty）の概要 ··································78
採掘難易度とプルーフ・オブ・ワーク ······························79
ハッシュレート（採掘速度） ······································80

4.6 ASIC ···81

ASICとは ································ 81

ASICに至るまで ····························· 81

ASICBoost ·································· 82

ビットコインゴールド ·························· 83

4.7 半減期 ······································ 84

半減期の概要 ······························· 84

半減期による供給量のコントロール ·············· 85

次の半減期 ································· 86

マイニングと半減期 ························· 87

半減期による影響 ·························· 88

半減期が存在する仮想通貨 ···················· 89

4.8 スマートコントラクト ·························· 89

スマートコントラクトの概要 ··················· 89

自動販売機 ································· 90

Ethereumのスマートコントラクト ·············· 91

ChainCode（Hyperledger Fabric） ············· 92

スマートコントラクトが実現できること ··········· 92

4.9 Solidity ······································ 93

EthereumとSolidity ·························· 93

Solidityのコード例 ·························· 93

Solidityの活用事例 ·························· 94

4.10 UTXO ······································ 95

UTXOの概要 ······························· 95

取引データはインプットとアウトプットで構成される ·· 96

coinbase ·································· 97

UTXOの仕組み ····························· 97

UTXOの使用例 ····························· 99

4.11 Block Height ································ 100

Block Heightとは ·························· 100

ブロックヘッダー ··························· 101

ジェネシスブロック ························· 101

4.12 Segwit ····································· 102

scriptSigとscriptPubKey ···················· 102

Segwitとは ································ 103

Segwitのメリット ·························· 104

ブロックサイズの上昇 ······················· 104

トランザクション展性の解決 ··················· 105

Segwitに関する情勢 ························ 106

4.13 ソフトフォーク・ハードフォーク ················ 107

ハードフォーク・ソフトフォーク ················· 107

ハードフォーク ····························· 107

ソフトフォーク ····························· 108

ハードフォーク事例 ························· 109

イーサリアム ······························ 109

ビットコイン ······························ 110

ソフトフォーク事例 ························· 110

Pay to script hash（P2SH） ·················· 110

Segwit ···································· 111

4.14 User Activated Soft-Fork：UASF ············· 111

Miner Activated Soft Fork(MASF)とは ········· 111

目次 | 5

User Activated Soft Fork とは ·· 111
UASF のメリット・デメリット ·· 112

4.15 署名・マルチシグ ·· 112
公開鍵・秘密鍵 ·· 113
電子署名とは ··· 113
マルチシグネチャー(マルチシグ)とは ·· 113
マルチシグの応用例 ··· 114

4.16 シュノア署名 ·· 115
ビットコインと署名技術 ·· 115
BIPへの提案の経緯 ··· 115
シュノア署名とは ·· 117
高いセキュリティー ··· 117
効率的な署名処理 ·· 117
ビットコインのプライバシーを高める応用 ··· 117

4.17 ライトニングネットワーク ·· 118
マイクロペイメントとは ·· 118
ペイメントチャンネルとは ·· 119
ライトニングネットワークの概要 ··· 119
ライトニングネットワークのメリット・デメリット ··· 121

4.18 ハードウェアウォレット ··· 121
秘密鍵の概要 ··· 121
ハードウェアウォレットとは ··· 122
ハードウェアウォレットのメリットとデメリット ··· 123
MyEtherWalletでも使える ··· 123

5. 規格に関する用語 ··· 125

5.1 BIP ·· 125
BIPの概要 ··· 125
主なBIP ·· 127

5.2 ERC20 ·· 128
EIP20 と ERC20 ·· 128
なぜERC20が生まれたのか ··· 128
ERC20を使うメリット ·· 128
代表的なERC20トークン ··· 130
ERC20の今後 ·· 130

5.3 ERC223 ··· 131
ERC20 と ERC223 ·· 131
ERC20の問題 ·· 131
ERC223での拡張 ·· 132
ERC223の今後 ··· 132

5.4 ERC721 ··· 132
ERC20、ERC223、ERC721 ·· 132
ERC721が対象とするNFTとその用途 ·· 133
ERC721の特徴 ··· 134
ERC721の今後 ··· 135

6. 機能に関する用語 ··· 136

6.1 エスクロー ··· 136
エスクローとは ··· 136
ブロックチェーンでどのように実現するか ································· 137
マルチシグを利用したエスクロー ··· 137
Ethereumのスマートコントラクトを利用したエスクロー ············· 138
ブロックチェーンを利用したエスクローの応用 ························· 139

6.2 クラウドセール ··· 139
クラウドファンディング ··· 139
クラウドセール ··· 140

6.3 Initial Coin Offering（ICO） ··· 143
ICO(Initial Coin Offering)とは ·· 143
ICOのメリット・デメリット ··· 144
Brave ··· 145
TenX ··· 146

6.4 BasS ··· 147
BaaSとは ··· 147
各社のサービス ··· 148

6.5 ステーブルコイン ··· 150
ステーブルコインの概要 ··· 150
ステーブルコインの分類と仕組み ··· 151
ステーブルコインの用途 ··· 154
ステーブルコインの失敗事例 ··· 154

6.6 カラードコイン ··· 156
カラードコインの背景 ··· 156
ビットコイン2.0プロジェクト ··· 157
カラードコインの機能 ··· 157
カラードコインの実装 ··· 158
NASDAQの応用例 ··· 159

6.7 プルーフ・オブ・バーン ··· 159
プルーフ・オブ・バーンの概要 ··· 160
カウンターパーティー（Counterparty） ··································· 161

6.8 Proof of Existence ··· 162
Proof of Existenceとは ··· 162
Proof of Existenceの使い方 ·· 163
Factom ··· 164

目次 | 7

はじめに

　最初に重要なことをお伝えします。この本を読んでもブロックチェーンを体系的に学ぶことはできません。一度入門書などで体系的に学んでいただいて、更に理解を深める段階で、個別の用語について深く掘り下げていくときのお供として、本書を執筆いたしました。

　2009年の1月3日に誕生したビットコイン以降、ブロックチェーンは世の中のどこかでずっとその歩みを進めてきました。1度動き出したら、ノードが全てなくなるまで決して止まることのないこの台帳技術が世界を変えると言われて10年。まだ世界は変わってはいませんが、その兆しは少しずつ見えつつあります。

　ブロックチェーンという単語は、2017年の仮想通貨ブームである程度世の中に浸透しました。しかし、それ以外の関連用語についてはまだまだ一般的ではありません。そして、ブロックチェーンの用語をまとめた書籍も世の中にはまだまだ広がっていません。

　本書は、ブロックチェーンという単語は知っているが、それ以外は詳しく知らないという方が便利に使っていただけるように、株式会社ガイアックスが運営するブロックチェーンの情報サイト、Blockchain Biz（https://gaiax-blockchain.com）から書き起こした用語集です。

　ブロックチェーンを学び、理解し、そして実際のプロダクトやサービスに活用する際に、必ずそばに置いておける用語集として辞書代わりに活用されれば幸いです。

株式会社ガイアックス
Blockchain Biz 編集部
峯 荒夢

1. 基礎技術

1.1 ハッシュ
ハッシュの概要

　ハッシュは、ブロックチェーンを支える最も基礎的な技術です。あらゆることで使われているため、ブロックチェーンを理解する上で、必ず抑えておかないといけない技術です。

　ハッシュとは、あるルールに基づいてデータを変換すると得られる固定長のデータを指します。そして、このハッシュを得るために使われる関数がハッシュ関数です。ハッシュ関数は数値やドキュメントのような文字列など、どんな値でも固定の長さの数値に変換することができます。

　暗号関数はデータを暗号化したり復号できるのに対し、ハッシュ関数はデータを一方向にしか変換できないのが特徴です。ハッシュ化されたデータを元のデータに戻すことは基本的に不可能です。また、元のデータを一文字でも変更すると、ハッシュ化された結果は全く違うものとなり、ハッシュ化された結果から元データを推測することも不可能になっています。

　よくハッシュが使われる場所として、ウェブサイトなどのパスワードの保存が挙げられます。パスワードはハッシュ化した状態でデータベースに保存します。そして、パスワードの照合を行う際は、入力されたパスワードのハッシュ値と算出し、データベースに保存されていたパスワードのハッシュ値と比較し、これらが一致するかを見ることでパスワードを照合しています。この時、ハッシュ化されたパスワードしかデータベースに保存されていないため、データベースに保存されている数値からパスワードは復元できず、もしデータベースの内容が漏洩したとしても一定の安全性が保たれます。

ビットコインなどのブロックチェーンにおいて、ハッシュはあらゆるところで使われています。特にマイニングでは何度もハッシュ関数を使うため、ハッシュを計算する効率がとても重要になってきます。そのために、ハッシュ計算に特化したハードウェアなども開発されています。

　ビットコインで使われているSHA256は、任意の長さの原文から固定長の特徴的な値を算出するハッシュ関数の一つであり、どんな長さの原文からも256ビットのハッシュ値を算出することができます。SHA256は実装のしやすさや計算速度、暗号学的な安全性のバランスに優れ、広く普及しています。

　ビットコインで使用されるハッシュ関数はSHA256とRIPEMD160と呼ばれる方式です。これらのハッシュ関数はGPUや計算専用のハードウェアであるASICでの計算に向いています。これに対し、その他のブロックチェーンでは普通のPCのCPUでもマイニングしやすいように、ASICでは計算しづらいハッシュアルゴリズムを使っているものも多く存在しています。

ハッシュの例

　上記のような特徴を理解するために、実際にデータをSHA256ハッシュ関数にかけて以下のように変換してみます。

文字列

ガイアックス

18689FC52B461A15FEBEDC4C24C37E8FE6F308690BF78E2A5AEA49FA4E592D56

ガイアック

86BE95559FB03148F5F1C729C96A267F5ABE45ABD7C30158A30CE33BF191EBAC

数値

3775

A4F5499A612299FEC8BF2D61ECCB5274753C93C1D5C8B7B0BFD953B2FE910BA3

3774

45D823D25B097FA8B7DFD0ABAF70C0DCD896DED3720F4E1D3196F6C39308CD8D

　このように、1文字または1ビット異なるだけで、ハッシュ値は全く異なる結果になります。

長い文字列

Empowering the people to connect

3307807B114DA54535082F4414B78505D22A12C7F6338763D559A47A9888F319

　また長い文字列の場合でも、出力される数値の長さ（ビット数）は常に同じになることが特徴です。どんなに長い文字列も一定の長さに変換されるため、文章や画像ファイルを一意に要約する機能として、よく活用されています。

1．基礎技術　11

ダブルハッシュ

　ダブルハッシュとは、ハッシュ関数を重ねて使うことです。一度ハッシュ関数に入れた出力値を、もう一度ハッシュ関数にかけます。ダブルハッシュを行うメリットは、一回ハッシュ関数を適用するよりも安全性が二乗になることです。このため、ビットコインなどでは様々な場面でダブルハッシュが使用されています。

　前述したように、ビットコインでは使われているSHA256とRIPEMD160というハッシュ関数のうち、SHA256を二回適用したハッシュがよく使われています。しかし、より短いハッシュが必要な場合は、一度SHA256を適用したハッシュに、さらにRIPEMD160を適用したハッシュが用いられています。

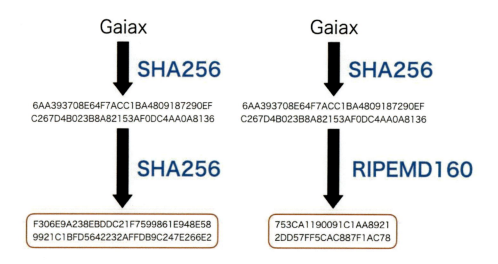

　どんなデータも、一定の長さに変換するハッシュは、限られたデータしか書き込めないブロックチェーンには欠かせない技術です。ハッシュを理解すれば、いろいろなサービスの仕組みの理解が進み、新しいブロックチェーンの使い方を検討するときの幅が広がります。ハッシュを理解して、よりブロックチェーンを楽しみましょう。

1.2 Base58

Base58の概要

　Base58とは、バイナリデータ（0と1だけで表されるデータ）を58種類の文字列で表現するフォーマットです。

　ビットコインなどのブロックチェーンでは、アドレスや秘密鍵の文字列の表現にこのBase58というフォーマットを用いています。

　「Base58」は聞いたことがないが、「Base64」であれば聞いたことがあるという人もいると思います。それは、Base64が電子メールや電子掲示板などにおいて、よく使われているフォーマットだからです。例えば電子メールでは、メールの送信プロトコルであるSMTPなどの制約により7ビットで表現されるデータしか送ることが出来ません。そこで、Base64という0から63までの64個の数値を「a-z、A-Z、0-9、＋、／」の64種類の文字で表現できるフォーマットが使われています。特に、画像や音声といった添付ファイルなどのデータを送信する際にBase64が標準的に利用されています。Base58はBase64からの派生で、Base64では64種類の文字で表現されることに対し、58種類の文字で表現するフォーマットです。

　Base58のフォーマットでは、Base64で使われている文字から「＋、／、0（数字）、O（oの大文字）、I（iの大文字）、l（Lの小文字）」の6文字を除いた58文字が使われています。これらの文字を除く理由は、似ていてまぎらわしく、書き写す際に間違えやすいからです。実際に、「0Oo」、「Il1」を見分けるのに苦労していた経験がある人も多いと思います。

　従って、Base58において使用可能な文字は
「123456789ABCDEFGHJKLMNPQRSTUVWXYZabcdefghijkmnopqrstuvwxyz」
の58文字となります。

　ブロックチェーンでは、秘密鍵やアドレスなど間違えてしまうと取り返しのつかないことになるデータを扱うため、このような見間違えてしまう文字列を排除する工夫をしています。

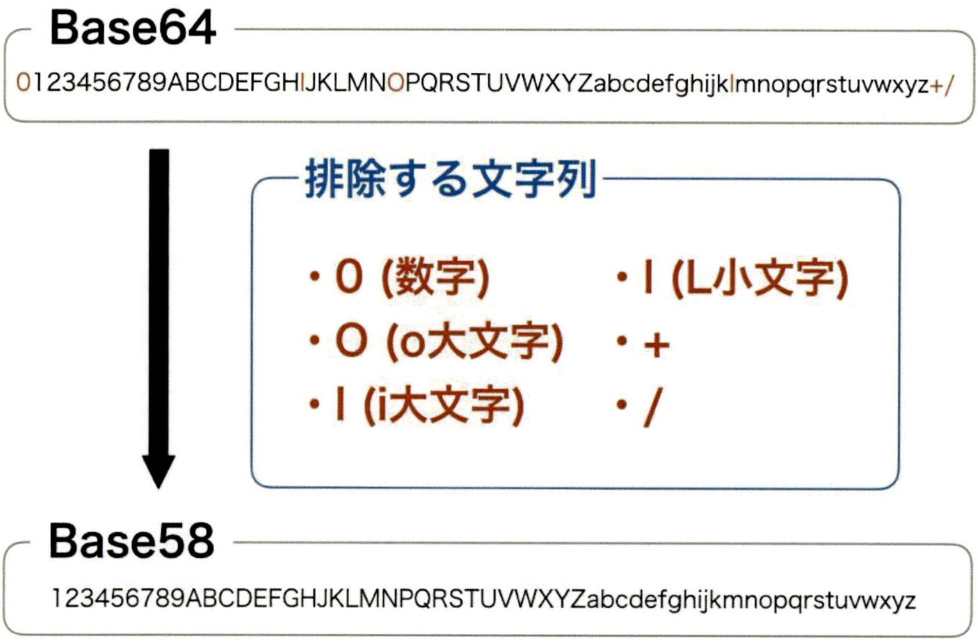

Base64

0123456789ABCDEFGHIJKLMNOPQRSTUVWXYZabcdefghijklmnopqrstuvwxyz+/

排除する文字列

・0 (数字)   ・l (L小文字)
・O (o大文字)   ・+
・I (i大文字)   ・/

Base58

123456789ABCDEFGHJKLMNPQRSTUVWXYZabcdefghijkmnopqrstuvwxyz

Base58が使われているサービス

Base58の実際に使用されているサービスの例としては、以下のものが挙げられます。
・ビットコインのアドレス
・Rippleのアドレス
・Flickrの短縮URL
これら3つの応用例において使われている58文字は次の図のようになります。

アプリケーション	文字列(58文字)
ビットコインのアドレス	123456789ABCDEFGHJKLMNPQRSTUVWXYZ abcdefghijkmnopqrstuvwxyz
Rippleのアドレス	rpshnaf39wBUDNEGHJKLM4PQRST7VWXYZ 2bcdeCg65jkm8oFqi1tuvAxyz
Flickerの短縮URL	123456789abcdefghijkmnopqrstuvwxyz ABCDEFGHJKLMNPQRSTUVWXYZ

　このように、使用される58種類の文字は同じものですが、サービスによって並び順が違っています。この表では、サービスによって実際に割り当てられている順番が違っていることを表しています。このように、「Base58で」と言っても、一意の変換テーブルにはなっていないので気をつけなくてはなりません。

　ビットコインやRippleは台帳技術なので、Base58はアドレスや鍵の表示に使用されますが、Flickerでは、画像の短縮URLを表示するためのエンコーディング形式としてBase58が使用されます。このように、長く複雑な文字列を分かりやすい形で表現できることから、Base58は様々なアプリケーションで利用されています。

　ブロックチェーンでは、高度なセキュリティを担保しつつ、使いやすさも重視した仕様になっていることが理解できたかと思います。今後、仮想通貨のアドレスや鍵を目にするときに、Base58という工夫されたフォーマットが使われていることに注目して見てみると、またブロックチェーンが面白くなるかもしれません。

1.3 SHA-256

SHA-256の概要

　ブロックチェーンにおいて、ハッシュ関数は様々な場面で使用されます。そしてハッシュ関数は以下の特徴があります。

1. 基礎技術　15

・任意の長さのデータから固定長の出力データを返す
・ハッシュ化されたデータを元のデータに戻すことは基本的に不可能

　SHA-256は、このハッシュ関数の一種です。そして、SHA-256は「Secure Hash Algorithm 256-bit」の略であり、その名前が示す通り256ビット（32バイト）長のハッシュ値を得ることができます。ハッシュ関数の性質通り、同じデータからは必ず同じ値が得られるようになっています。一方、少しでも異なるデータからは、まったく違う値が得られるようにもなっています。また、いわゆる暗号学的ハッシュ関数として設計されており、あるデータを元に、同じハッシュ値になる別のデータを効率よく探索することは困難なようになっています。

SHA-256のアルゴリズム

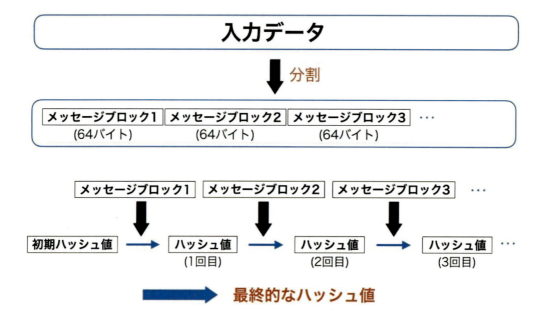

　SHAのアルゴリズムでは、初期のハッシュ値が決まっており、この初期ハッシュを変化させるために使われる情報が入力データです。SHA-256の場合、入力データは64バイトごとに分割されます。分割されたデータは「メッセージブロック」と名づけられています。入力データの量が64バイトを超える場合は、複数のメッセージブロックが形成されることになります。

　次に、初期ハッシュを最初のメッセージブロックを使って変化させ、新しいハッシュ値を算出します。さらに、そのハッシュ値を次のメッセージブロックで変化させて新しいハッシュ値を得て、さらに次のメッセージブロックで……という具合に処理されていきます。そして最後のメッセージ

ブロックで算出されたハッシュ値が最終結果になります。

このように64バイトに分割した入力データを使ってハッシュ値を変化させていくことで、入力データ量に関係なく同じビット長の値が得られるようになっているのです。

SHA-2規格

SHA-256はNSA（米国家安全保障局）が考案し、2001年にNIST（米国標準技術局）によって連邦情報処理標準の一つ（FIPS 180-4）として標準化された「SHA-2」規格の一部として定義されています。SHA-2では他にハッシュ値の長さが224ビットのSHA-224、384ビットのSHA-384、512ビットのSHA-512などが定義されています。

ハッシュ値のアルゴリズムを考える上で重要なのが「ハッシュ衝突」と呼ばれる現象です。これは異なるデータから同じハッシュ値が生成されてしまう事態を指します。元のデータがどんな長さであっても、生成される値のビット長が決められている以上、絶対に衝突のないハッシュ関数は有り得ません。従って、ハッシュ値のビット長が長ければ長いほどハッシュ衝突は起こりにくくなります。

ハッシュ衝突の回避率はビット数が1増えただけで2倍になるので、256ビット長のハッシュ値は、128ビット長のハッシュ値より2を128回かけた分だけ、ハッシュ衝突の回避率が上がることになります。逆に、ハッシュ衝突するデータを見つけるにはかなりの時間がかかることとなり、元データの割り出しは現在ではほぼ不可能とされています。

また、512ビット長の方が高いハッシュ強度を得られますが、SHA-512は64ビットCPU向けに最適化されたアルゴリズムなので、32ビットCPU向けに最適化されたSHA-256とはCPUの演算系が異なります。

一般的には、SHA-2の中で最長のSHA-512が最も安全性が高く、一方でSHA-256は実装のしやすさや計算速度、暗号学的な安全性のバランスに優れ、最も広く普及していると言われています。

SHA-256が使われているサービス

ビットコインではSHA-256とRIPEMD-160の2つのハッシュ関数が使われています。これらのハッシュはGPUや計算専用のハードウェアであるASIC（Application Specific Integrated Circuit）で計算するのに向いています。これに対し、他のブロックチェーンでは普通のPCでもマイニングしやすいように、GPUやASICでは計算しづらいよう工夫されたハッシュアルゴリズムを使っているものも多く存在しています。

マイニングにおけるSHA-256の計算は当初はCPUで行われていましたが、GPUを使って並列計算を行うGPUマイニングに移行し、続いてFPGA（Field-Programmable Gate Arra）を使ったFPGAマイニングが主流になりました。しかし、この論理を実行するASICを作れば、消費電力が少なく、高速で演算ができることから、現在では専用のASICを使ったマイニングが主流となっています。

また、WebブラウザとWebサーバ間でSSL（Secure Socket Layer）暗号化通信を行うための電子証明書であるSSLサーバー証明書もハッシュ関数を使用しています。数年前までは、SHA-1と呼ばれるハッシュ関数がよく使われていましたが、現在はSHA-2が主流になっています。

1. 基礎技術 17

SHA-1からSHA-2への移行

　SHA-2の前規格であるSHA-1は160ビット（20バイト）のハッシュ値を生成するハッシュ関数であり、多くのアプリケーションやプロトコルに採用されていました。しかし、SHA-1はその脆弱性・危険性が見つかり、懸念されていたにも関わらず世の中のほとんどのWebサイトで使用され続けていました。この状況に対してNISTは、広く暗号化に使用されてきたSHA-1に関して2010年までにSHA-2への移行勧告を出しましたが、SHA-2の普及は広まらず、SHA-1に関しては「非推奨」という表現にとどまっていました。

　ところが、2013年にMicrosoftがSHA-1ハッシュ関数を使用したSSLサーバー証明書に関して、2017年以降使用不可にするSHA-1廃止ポリシーの発表を出したことを皮切りに、GoogleやMozillaもSHA-1使用に対して同様に廃止ポリシーが発表されました。これにより、IEやChromeなどのブラウザでSHA-1からSHA-2への移行が行われ、現在はSHA-2が世界標準となっています。Appleも、2019年6月にiOS13及び、MacOS10.15でSHA-1を非サポートとする発表をしました。

　このように、ビットコインのみにとどまらず様々なところでSHA-256が利用されています。現在はこの様々なところで標準的に使われている、SHA-256は絶対に抑えておきたい、技術の1つと言えるでしょう。

1.4 秘密鍵・公開鍵

公開鍵暗号の概要

　二者間で通信を行う際、その通信を暗号化するために一般的に使われる方法に「共通鍵暗号方式」と「公開鍵暗号方式」の2つがあります。この2つの暗号方式の違いは、暗号化と復号化をするときに、共通鍵だけを使うか、または秘密鍵と公開鍵のペアを使うかです。

共通鍵暗号方式

　共通鍵暗号方式は、暗号化する際の鍵と復号化する際に同じ鍵を使う暗号化方式です。この共通鍵の情報は、送信側と受信側の二者間のみで共有されています。以下が通信の流れになります。

1．送信側が、共通鍵でデータを暗号化し、受信側へ送信する
2．受信側が受け取ったデータを、同じ共通鍵で復号化し、データを取得する

公開鍵暗号方式

　しかしこの共通鍵暗号方式には、鍵の受け渡しを安全に行うのが難しいという弱点があり、鍵を秘密にする方法には限界があります。そこで、その限界を解決したのが「公開鍵暗号」です。公開鍵暗号方式は、暗号化/復号化する際の鍵に、「公開鍵」と「秘密鍵」の二つを用いています。以下が、通信の流れになります。

1．送信側は、受信側が公開している公開鍵を取得する
2．取得した公開鍵で、送信するデータを暗号化して送信する
3．受信側は、受け取ったデータを受信側のみ保持している秘密鍵で復号化して、データを取得する

秘密鍵

　秘密鍵とは、公開鍵暗号において公開鍵と対になる鍵です。ビットコインにおいては、送金時の取引で署名を行うために必要です。

　秘密鍵は自分以外に教えてはいけない、受信側のみ保持している鍵となります。もし、他人に知られてしまうと、ブロックチェーン上のすべての権限を渡したことになってしまいます。

公開鍵

　公開鍵とは、秘密鍵から生成された公開鍵は秘密鍵と対になっている鍵で、公開鍵暗号方式における第三者に公開する鍵です。すなわち世界中の誰に教えても問題ない、誰でも取得できるオープンな鍵です。

　この秘密鍵と公開鍵を使った公開鍵暗号方法を使えば、データを復号できるのは秘密鍵を持っている受信者だけなので、もし第三者に暗号化したデータを盗まれてしまったとしても、復号化される心配がないというメリットがあります。

　また、復号化するために必要な情報を相手に送ることなく暗号通信をすることができるため、通

信傍受による、鍵の流出も防ぐことができます。

公開鍵暗号方式のイメージ

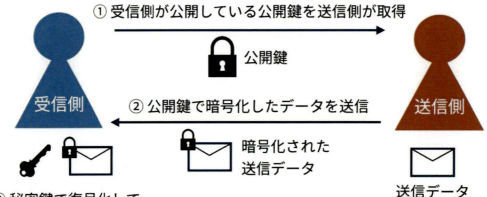

署名

　また、公開鍵暗号の応用に「署名」という仕組みがあります。これは公開鍵を用いた本人確認のシステムです。

　公開鍵はその名の通り「公開」されているものなので、「私の公開鍵は○○です」と言っている人を無条件に信用することはできません。

　そこで秘密鍵と公開鍵を入れ替えて使うことができる、という公開鍵暗号の性質を利用して本人確認を行います。流れは以下の通りです。

1. 秘密鍵を持っている人が、ある文字列を秘密鍵で暗号化する
2. 公開鍵を受け取った人は、暗号化された文字列を復号化して元の文字列と比較する
3. 一致した場合、この公開鍵で正しく解読できる文章を作れるのは秘密鍵を持っている本人だけなので、本人確認ができる

秘密鍵・公開鍵の活用事例

1．ブロックチェーン

　ブロックチェーンにおける活用事例を、ビットコインを例に紹介しましょう。公開鍵暗号の主な

使用方法は「データの暗号化」と「署名」の二つがあると説明しましたが、ビットコインにおいては主に「署名」の方を使っています。

　ビットコインの取引では、公開鍵から生成されるビットコインアドレスから支払いをする時に、そのアドレスの秘密鍵を持っているビットコイン所有者が秘密鍵を用いて署名します。他の人は、その署名と公開鍵を使ってその署名が秘密鍵を持った人が行ったこと、署名された後に本文が改ざんされていないことを確認することが出来ます。具体的な送金の流れは以下のようになります。

1. 公開鍵と秘密鍵のペアを生成する（ビットコインでは秘密鍵から公開鍵への変換はsecp256k1という楕円曲線を利用します。）
2. 公開鍵からハッシュを2回とり、チェックサムを加えてBase58フォーマットしたアドレス（口座番号）を生成する
3. 送信するビットコイン、アドレス等の情報を含んだ送金情報（取引データ）に、アドレス所有者である送信者が秘密鍵を使い署名する
4. P2Pネットワークに送金情報である取引データをブロードキャストする
5. 取引内に含まれる公開鍵と署名済みの送金情報を照合して取引が正しいことを検証する

ビットコイン取引のイメージ

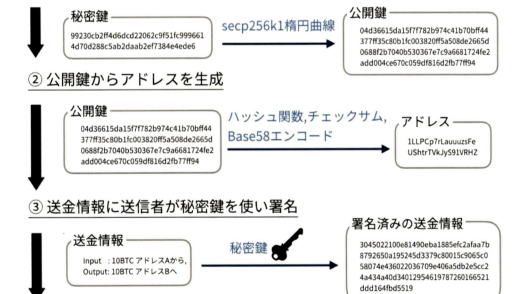

1．基礎技術 | 21

2．SSL通信

　Webで一般的に使われている、ブラウザなどサイトを閲覧する側であるWebクライアントと、サイトを公開している側であるWebサーバー間の通信の暗号化プロトコルである「SSL」でも、共通鍵暗号方式と公開鍵暗号方式の仕組みが採用されています。
SSLの暗号化通信は大まかに二段階に分かれています。
- 一段階目は公開鍵暗号方式を用いて、通信内容を暗号化するための共通鍵を、クライアント/サーバー間で共有します。
- 二段階目は共通鍵暗号方式を用いて、共有した共通鍵を利用し、個人情報やログイン情報といった実際の通信データを暗号化して通信します。

3．マイナンバーカード

　マイナンバーカードには公的個人認証サービスのための電子証明書が格納されています。そして、そこでも公開鍵暗号方式が用いられています。
　マイナンバーカードには署名電子証明書が標準搭載されています。これは名前の通り電子文書の電子署名に用いられており、改ざんがないことを証明するためのもので、署名用の公開鍵とともに、署名者の基本4情報（氏名・生年月日・住所・性別）が含まれます。具体的には以下のような流れで認証されます。
　1．マイナンバーカードに格納する秘密鍵で文書を暗号化する

2．文書本体と併せ、暗号化された文書と公開鍵・電子証明書を送付する
3．発信者から送付された公開鍵で暗号化された文書を復号化する
4．文書本体と突き合わし、改ざんの有無を検知する
5．認証局へ電子証明書の有効性を照会し、有効であれば認証成功

このように、身の回りの様々なサービスにおいて公開鍵・秘密鍵が使われています。公開鍵暗号方式が利用されている、ブロックチェーンは、このような既存技術を使ってセキュリティを上げていることがお分かりいただけたと思います。

1.5 マークルツリー（Merkle Tree）

マークルツリーとは

マークルツリーは、公開鍵暗号の開発者の一人であるラルフ・マークルによって1979年に発明されました。マークルツリーとは、ファイルのような大きなデータを要約した結果を格納するツリー構造の一種です。主に大きなデータの要約と検証を行う際に使用されます。この計算にハッシュ関数が利用されていることから、ハッシュ木とも呼ばれています。

まず、マークルツリーの基本形は2つのデータを1つにまとめる形になります。例えば、AとBという2つのデータがあるとします。まずは、Aのハッシュ、Bのハッシュをそれぞれ計算します。このAのハッシュ、Bのハッシュそれぞれを足し合わせた値のハッシュをとったものが頂点の値になります。

マークルツリーが実際に使われる場合は、多くの場合で複数段のツリー構造で構成されており、2段、3段と2個ずつハッシュをまとめていきます。そして、最終的に得られた頂点のハッシュ値はマークルルート（あるいはトップハッシュ、マスターハッシュ）と呼ばれています。

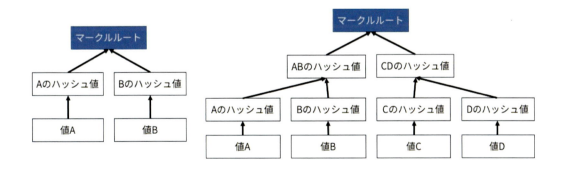

マークルツリーには、どんなデータを入力しても一定の長さの値を返すハッシュ関数を使用していることから、どんなに大きなデータ、どんなに多くのデータを入力しても最終的に得られる値は一定のデータ長になるという特徴があります。言い換えると、2個のデータを要約しても、10000個のデータを要約しても、最終的には同じデータ長にまとめることができます。

　また、計算方式が単純であるため、比較的簡単にマークルルートの値を得ることができます。この特性を使い、予め保存されたマークルルートの値と要約元のデータがあれば、新たに要約元のデータから算出したマークルルートの値と、予め保存されたマークルルートの値することで、要約元のデータの検証にも使うことができます。この仕組みは改ざん検知においてとても強力な力を発揮します。

ビットコインへの応用

　このマークルツリーの技術は、ビットコインのブロックチェーンにおいて重要な役割を果たしています。ブロックチェーンにはブロックヘッダーと呼ばれるブロックの情報が書かれている部分があります。ブロックヘッダーには、そのブロックの情報として、以下のものが格納されています。

・1つ前のブロックのハッシュ
・（Proof of Workを証明する）ナンス（2.2を参考にしてください）
・（今のブロックにおける取引記録全体を表す）マークルルート

　現在のブロックに入れる取引データは、各取引のハッシュ値を、マークルツリーを利用することで1つのハッシュ値にまとめます。2つの取引データのハッシュ値のペアを足してハッシュ化し、これを繰り返していくことで、最終的に1つのハッシュ値（マークルルート）を得ることができます。

　このマークルルートをブロックヘッダーに格納することで、ブロックに入っている全トランザクションの値が書き換えられていないかを確認することができます。1つでもトランザクションデータが書き換えられてしまえば、ドミノ状にマークルルートも書き換わってしまうためです。

画像：Bitcoin 論文（http://bitcoin.peryaudo.org/vendor/bitcoin.pdf）

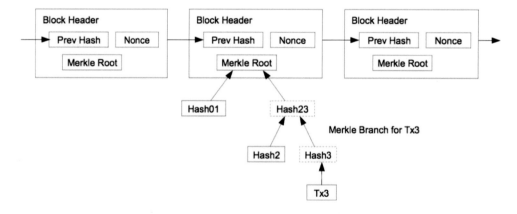

SPVとマークルツリー

ビットコインのブロックチェーンの上で取引データを1つにまとめたマークルルートを活用しているのがSPVと呼ばれる方式です。SPVはSimplified Payment Verificationの略称で、ブロックチェーンに保存されている全取引データをダウンロードすることなく、取引の検証を行う方式を指します。ウォレットのような軽量型クライアントの多くは、SPVクライアントを使用しています。

これとは逆に、全てのトランザクションデータを保持しているものをフルノードと呼びます。フルノードは、起動後に最初に生成されたブロックから現在のブロックまで全てのデータを取得しないと稼働しないのに対し、SPVは全ての取引データをダウンロードする必要がないので、起動後すぐに使用することができることが大きな利点です。

SPVクライアントでは、全ての取引データは取得せず、検証したいブロックの取引データだけを取得し、マークルルートと比較することで取引データの検証をすることが可能となります。前述したように、マークルルートは対象となる全てのトランザクションデータをまとめたハッシュ値です。さらにどれほどの量のトランザクションデータ量であるとしても、ハッシュ値としてのデータ長は変わらないので、一つの取引と同量で全てのトランザクションデータを要約してくれます。フルノードが全ての取引の不正確認を行っているという信頼を元に、SPVはこのマークルルートの部分だけの検証を行うことで、取引を確認しています。

全てのブロックチェーンを保存しているフルノードに比べて、SPVなどの軽量クライアントが必要とするデータは約1000分の1で済むとも言われており、マークルツリーの利点をうまく活かして軽量化に成功しています。

大きなデータをブロックチェーンに書き込む

ブロックチェーンはブロックサイズに限りがあることから、大きなデータを書き込むことを苦手としていますが、マークルツリーを使うことでこれを克服しています。一般的に大きなデータはブロックチェーンの外のサーバーに置きます。そのデータのハッシュをとってブロックチェーンに書き込みます。こうすることで、ブロックチェーンに書き込まれたデータは、消されることなく記録として残り続けます。そして元データをハッシュ化したものと、ブロックチェーンに記録されたハッシュを比較することで、データの照合を行うことができます。

この場合、1データしかブロックチェーンに保存することができませんが、複数のデータを保存するときにマークルツリーが活躍します。複数のデータについてマークルツリーを使うことで短いハッシュにまとめることができます。こうすることで、1つの取引で多くのデータの記録を残すことができます。1つの取引にまとめられるメリットとして、書き込む際の取引手数料を抑えることができる、1回の取引回数ですむため、取引の承認待ちも、その1取引分だけ待てば良いといことで、承認までの時間短縮にもつながります。

この方法を活用しているものはたくさんありますが、有名ものではドキュメントなどの存在証明を行うサービスであるFactom（https://www.factom.com/）がこの方式を使っています。

ビットコインウォレットなどがストレスなく利用できているのは、マークルツリーのおかげです。ブロックチェーンでは至る所で様々な技術を活用しているという点で、非常に興味深いものである

1．基礎技術　25

と感じることができるのではないでしょうか。

1.6 楕円曲線暗号

パブリックチェーンにおける情報は誰もが閲覧できることから、その秘匿性を担保することは非常に重要とされています。特にビットコインのような資産に関わる情報の中身が簡単に分かってしまうことは避けなければなりません。これらの情報を暗号化するために公開鍵暗号方式が利用されていることは、これまでに何度か解説しています。そこで秘密鍵と公開鍵を結びつける重要な技術である「楕円曲線」を用いた暗号技術に関して紹介します。

秘密鍵・公開鍵

秘密鍵は本人にしか分からない鍵で、公開鍵は秘密鍵と対になる一般公開される鍵です。ブロックチェーンにおいては、公開鍵暗号方式における秘密鍵と公開鍵を、「電子署名」と呼ばれるデータ送信者を確認するための方法として使用されています。

それでは、秘密鍵と公開鍵はどのように作られているのか見ていきましょう。まず秘密鍵に関しては、ランダムな大きい数字を適当に作成します。秘密鍵は本人にしか分からないことが前提なので、他人から見破られないことを深く考える必要はありません。

問題は公開鍵です。公開鍵は秘密鍵に何らかの計算を施すことで生成されるものです。そして生成された公開鍵はネットワークにブロードキャストされ、一般に公開される情報です。そこで、その公開されている公開鍵から簡単に秘密鍵を逆算されてしまうととても安全とは言えません。そこで、公開鍵の計算方法には工夫を施さなくてはいけません。その計算アルゴリズムが、楕円曲線を利用した暗号化方式（楕円曲線暗号）です。

楕円曲線とは

楕円曲線とは次の形の方程式により定義される平面曲線です。

$$y^2 = x^3 + ax + b$$

このa,bの値を変えることで、以下のように様々な曲線の形状になります。

しかしこの式から描かれる曲線は、実は楕円の形にはなりません。「楕円」という言葉は、この楕円曲線はもう少し別のところから由来しています。この楕円曲線ですが、この後説明する暗号化のアルゴリズムに用いられています。また他分野では、数論の分野で重要とされており、フェルマーの最終定理の証明にも使用されています。

26 | 1. 基礎技術

画像はウィキペディアの楕円曲線（https://ja.wikipedia.org/wiki/楕円曲線 ）から転載

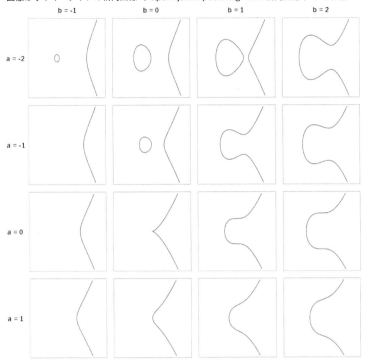

　ビットコインではSecp256k1と呼ばれる楕円曲線を使っています。楕円曲線及び楕円曲線を用いた暗号化にはいくつかのパラメーターが存在し、Secp256k1はそれらの各パラメーターが決まっています。aとbの値やグラフ形状は以下の通りになっています。

a = 0x0000000000000000000000000000000000000000000000000000000000000000

b = 0x0000000000000000000000000000000000000000000000000000000000000007

画像は Bitcoin Wiki secp256k1（https://en.bitcoin.it/wiki/Secp256k1）から転載

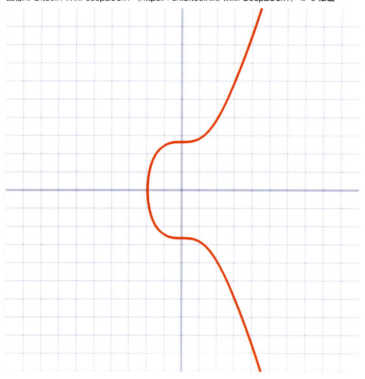

楕円曲線暗号による公開鍵の生成

　ここからは、楕円曲線を用いた暗号化について説明します。まず、楕円曲線を用いて暗号化することを、楕円曲線暗号（Elliptic Curve Cryptography：ECC）と呼びます。ビットコインではこの暗号方式を用いることで秘密鍵から公開鍵を生成します。また楕円曲線暗号を使用して電子署名がされる一連の流れは「楕円曲線電子署名アルゴリズム」と呼ばれています。これはその名の通り、電子署名アルゴリズム（Digital Signature Algorithm：DSA）において楕円曲線暗号を用いるものであり、ビットコインの電子証明にも利用されています。

　そして、楕円曲線暗号に使う楕円曲線の式は先程紹介した方程式に少し手を加えたものになります。

$$y^2 = x^3 + ax + b \bmod p$$

　ここで、「mod p」という見慣れない式が出てきます。これは剰余演算（またはモジュロ）と呼ばれ、「a mod n」の場合、a を n で割った余りを指します。すなわち、上記の方程式は、左辺と右辺の余りが等しい方程式であると言えます。

　具体的に、楕円曲線を使用してどのようにして秘密鍵から公開鍵を生成しているのでしょうか。手順としては少々複雑ですが、以下のように計算されます。

1．楕円曲線のパラメーターである p,a,b、また基準点である G(x,y) を決める
　・ビットコインで使っている Secp256k1 でのパラメーターは以下の通り
　　a = 0x0000000000000000000000000000000000000000000000000000000000000000
　　b = 0x0000000000000000000000000000000000000000000000000000000000000007
　　p = 0xfffffffffffffffffffffffffffffffffffffffffffffffffffffffefffffc2f
　　Gx = 0x79be667ef9dcbbac55a06295ce870b07029bfcdb2dce28d959f2815b16f81798
　　Gy = 0x483ada7726a3c4655da4fbfc0e1108a8fd17b448a68554199c47d08ffb10d4b8
2．G に自身である G を足し、2G を求める（楕円曲線暗号における足し算）
3．2.の行為を n 回分（n：秘密鍵の値）繰り返すことで、値 nG を得る
4．nG を公開鍵の値とする

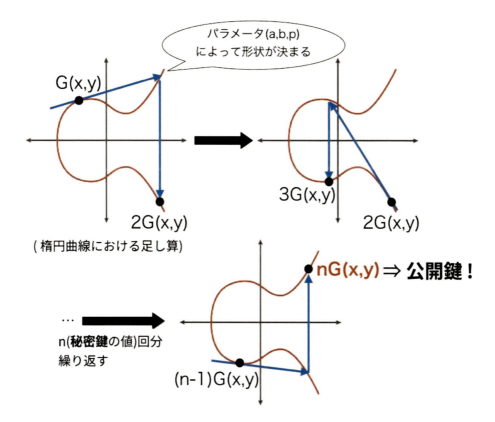

　ここで、楕円曲線における足し算は通常の足し算・掛け算とは異なります。まず、ある楕円曲線上にある接点 G に関して、接線を得ることができます。この接線は必ず接点 G 以外の楕円曲線上の点と交わります。その交点の x 軸対称の点が次の点 2G となります。これを繰り返している様子が上の図です。
　このように、ある点 G から何回も掛け算されて nG となった軌跡の簡単な例が以下のように示されています。見ると分かる通り、軌跡の形は非常に複雑になっていますが、ある点 G から n 回移動させた点 nG を計算させることはコンピュータによって高速に計算を回すことで可能です。

ここで注目すべきことは、ここまで見てきた楕円曲線の軸は、ある点(x,y)をpで割った余りとなっている点です。これはさきほどの方程式における「mod p」の部分が効いているためです。楕円曲線暗号のアルゴリズムは、点G及びpが分かった状態で、次の点を求める手順をn回繰り返してnGを求めます。数学的には、Gからn回剰余演算を繰り返してnGを求めることは簡単ですが、nが非常に大きい値の時にGとnGから剰余演算においてnを求めることは非常に困難であるとされています。これはハッシュ関数の性質と同じように一方向性があると言い、暗号の解読を不可能にさせるという点で強力なメリットとなります。こうしたことから暗号分野でよく利用されています。

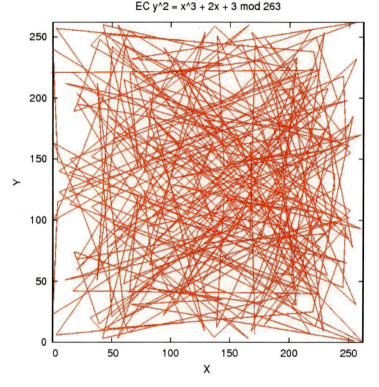

　楕円曲線は数学的には少々難解な問題を扱っていますが、原理としては、自分の持つ秘密鍵からより安全な方法で公開鍵を生成するアルゴリズムです。このように普段は目にしない数学の力を使うことで、ビットコインを始めとしたブロックチェーンは安全性や秘匿性を担保されています。数学という観点からもブロックチェーンを学んでいくと、また一つ理解が深まるでしょう。

2. アルゴリズム

2.1 コンセンサス・アルゴリズム

コンセンサス・アルゴリズムとは

　ブロックチェーンは、複数の参加者がいる中で、常に合意を取りながらブロックを積み上げていきます。そのブロックを積み上げていく過程で、ブロックにデータを入れるのですが、無秩序にデータを書くわけにはいきません。この複数の参加者がいる中で秩序を持ってデータの書き込みをおこなうために、データを書き込むことを合意するといった作業が必要になります。

　この時、合意を取るという作業を合意形成するといいます。そして、この合意形成のルールがコンセンサス・アルゴリズムです。

　ブロックチェーンにおけるコンセンサス・アルゴリズムは何種類も存在しており、ブロックチェーンの参加者や、利用者、または機能上の性質などを考慮して様々なコンセンサス・アルゴリズムが開発されています。

　ここからは、代表的なコンセンサス・アルゴリズムについて解説していきます。

2.2 プルーフ・オブ・ワーク (PoW)

プルーフ・オブ・ワークの概要

　プルーフ・オブ・ワーク（以下「PoW」）は、非中央集権的で、誰が参加しているかわからない分散（P2P）ネットワークにおいて、相手を信用しなくても取引の合意形成を可能にした、コンセンサス・アルゴリズムの一つです。

　ブロックチェーンの仕組みにおいては、支払いや契約といったトランザクション（取引データ）を含めた台帳の1ページとしてブロックを生成します。この時、誰もが自由にブロックを生成できてしまうと容易に改ざんされたブロックが生成できてしまうので、ブロック生成に何らかの制約を加えないといけません。

　従来のP2Pネットワークでは、IPアドレス一つごとに発言権（ブロックを生成できるノード）を与えることで対応する、といった解決法が提案されてきましたが、そうすると悪意ある攻撃者が大量のIPアドレスを保有することで、多数の発言権を奪われてしまう危険性がありました。

　PoWでは、これを「CPUの計算量」に応じて発言権を与えることにしました。具体的には膨大な計算量を要する問題（特定の条件を満たすハッシュを探す）を最初に解いたものに発言権を与えています。

　このように、多大な労力をかけてはじめて、新しいブロック生成が有効とされる、というのがPoWの基本的な考えです。（PoWは文字通り、「労力をかけたということの証明」を意味します。）

プルーフ・オブ・ワークの役割

　P2Pネットワーク上には、支払いや契約といったトランザクションを改ざんしようとする悪意ある者が現れる可能性があります。悪意を持って改ざんすることを防ぐ効果をPoWは持っています。

　ここで重要なのが、ブロックチェーンは、過去から現在までひとつのつながりの取引台帳になっている点です。つまり、仮にあるブロックを改ざんしようとすると、その後におこなわれたすべての取引が含まれるブロックも計算し続けなければなりません。

　そこで、悪意のある者が不正にブロックチェーンを伸ばし、ブロックチェーンに改ざんデータを残すためには、他のブロックチェーンの参加者達を上回る速度で不正なブロックチェーンを伸ばして上書きしなければいけません。

　しかし現実的には、悪意のある攻撃者や偽造者の他に、多数の「善良な」計算者（ノード）がいるため、再計算速度が新たなトランザクション承認の計算速度に追いつくことができないため、改ざんは非常に難しくなります。

　このように計算能力に応じてブロックを生成できるノードを与えることで、参加者全体が持つ計算能力のおよそ過半数の計算能力を確保しない限りは、このような改ざん攻撃は非常に難しくなることが分かります。

　ブロックチェーンではこういった仕組みにより、悪意あるノードの攻撃からブロックチェーンのデータを守っているのです。

　このように、PoWはブロックチェーンにおいて、セキュリティの根幹ともいえる非常に重要な役割を果たしています。

PoWを用いた改ざんへの対応

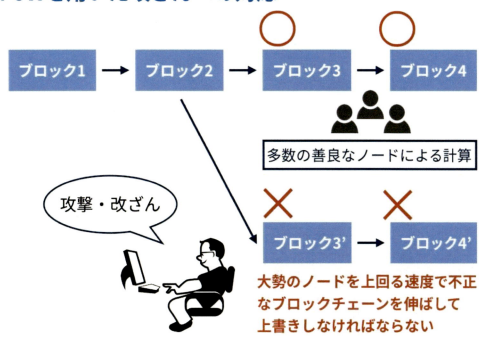

ナンス探し

　それでは具体的にはどのようにPoWをおこなっているのでしょうか。

　それは、「送金額や送信者等の取引情報といったこれから生成するブロックの内容に、ナンス（nonce）と呼ばれる、ブロックに入る取引記録をハッシュ関数によって計算しハッシュ値を求め、その計算値が、非常に小さい値（＝計算された値の先頭にゼロがいくつも並ぶようでな値）を見つけ出したノードがブロック生成権を手に入れることができる」というものです。

　すなわちトランザクションの承認とは、総当たりで大量の計算をおこなって、正しいナンスを見つけることです。また、ここでハッシュ関数が使われているのは、ハッシュ値から元の値を計算することはできないので、総当たりに計算する必要があるのです。（※詳しくは、1.3 SHA-256をご覧ください）目的のハッシュ値が出てきたらそのブロックは有効とみなされる、ということになります。

PoWによるブロック生成

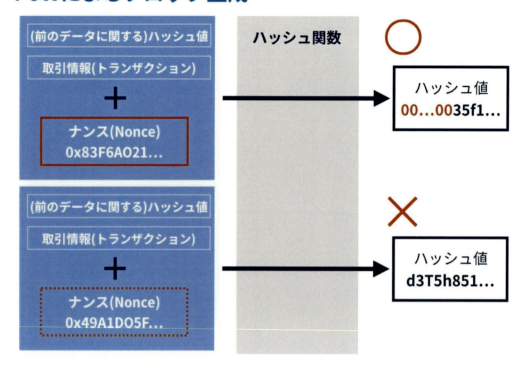

マイニング

　前述のように、正解となるナンスの発見者がブロック承認者となります。この承認作業のことを採掘（マイニング）と呼びます。

　そこで、ある疑問が湧いてきます。それは、PoWを成立させるためには、マイニングするための大量の電気代とマシンパワーが必要となりますが、そこまでしてマイニングをするモチベーションは存在するのか、という問題です。

　これに対する答えは、「実際にマイニングし、最初にナンスを見つけた人に報酬を与える」ということで解決できます。大量の電気代を消費してブロックをマイニングしナンスを見つけたとき、これまでの投資した電気代や機器代以上の報酬が貰えるのであればマイニングをおこなうインセンティブが存在することになります。

　このように、PoWを伴う新しいブロックの生成に成功した人には、暗号通貨のプロトコルに定められた額の報酬が、その暗号通貨によって支払われることになっています。すなわち「経済的インセンティブによりマイナーを集め、それをもって善良なPoW実行者の増加につなげる」というのが、P2Pネットワークにおいて、ちょうど良いインセンティブシステムになっているのです。

スパムメール防止のための仕組み「ハッシュキャッシュ」

　ここまで見てきたPoWという概念は、実は「ハッシュキャッシュ」という仕組みとして以前より

存在しており、ブロックチェーンだけの概念ではありません。ハッシュキャッシュとは、CPU処理で生成するハッシュ値を元に、送信元を検証する仕組みです。PoWと同様の概念で、「ハッシュ関数に出力されるハッシュ値がある値以下になるような、入力値を見つける」という問題を解くことになります。

このハッシュキャッシュは、元々スパムメールを防止するための仕組みとして考えだされました。メールを送信するときには必ずこのハッシュキャッシュの問題を解かなければならない、というルールを課すことができれば、一通のメールを送るのにある程度の計算能力を消費する必要があります。これにより大量の宛先にメールを送信するというのが非常に難しくなり、スパムメールを減らすことができると考えられたためです。これは直感的には、計算能力を（お金のように）支払わないとメールが送れない、と捉えることができますので、キャッシュ（お金）という言葉が使われたようです。

ただし、現時点でハッシュキャッシュがメールシステムで使われることはほとんどありません。

このようにPoWを導入することで、ブロックチェーンはP2Pネットワークにおいてセキュリティの強い分散合意の仕組みとなっています。このPoWが皮切りとなり、今ではPoWを応用・改良した様々なコンセンサス・アルゴリズムが開発されています。これらのアルゴリズムは利用されるサービスによって使い分けられるので、是非注目してみてください。

2.3　プルーフ・オブ・ステーク(PoS)

プルーフ・オブ・ステークの概要

プルーフ・オブ・ステーク（以下「PoS」）は、PoWの弱点を補うシステムとして開発されました。そして、アルトコインの一つであるピアコイン（Peercoin）で初めて導入されました。

PoSは文字通り訳すと「資産保有による証明」という意味になります。コインを持っている量（Stake）に応じて、ブロック承認の成功率を決めることを基本としています。イメージとしては、PoWは保有する計算パワーである仕事量（Work）が大きい人ほどブロック承認の成功率が高いことに対して、PoSは資産保有量（Stake）が大きい人ほどブロック承認の成功率が高くなっています。

PoSはこのようなアルゴリズムであるため、PoWの問題点の一つとされている「51%問題」（悪意のある特定の個人やグループが採掘速度の51%以上を支配してしまうと、不正に二重支払いが可能になってしまうという状態）に対してより強力な耐性を持っています。

その理由のひとつ目は、より多くのコインを有していないとブロック承認の成功確率を上げることができないので、そもそもコインを多く入手しなくてはならず、攻撃にかかるコストが高いということが挙げられます。ふたつ目として、非常に多くのコインを保有しなければならないので、攻撃されたことによりコインの価値が下がってしまい、自分自身の持つコインの価値も下がってしまい、攻撃をおこなうインセンティブがあまりないという理由もあります。

プルーフ・オブ・ワークを確率的に代替しているプルーフ・オブ・ステークPoWをPoSに代替するメリットは他にもあります。

PoSにおけるマイニングは「鋳造（minting, forge）」と呼ばれ、コイン保有量とそのコインの保有期間の掛け算で表される「CoinAge（コイン年数）」が大きいほど、簡単に鋳造ができる仕組みと

なっています。実際のメカニズムとしてはビットコインと同様にマイニングがおこなわれますが、完全な総当たり式ではなく、そのユーザーのCoinAgeに応じて総当たりで計算しなくてはいけない範囲が狭くなり、結果としてマイニングに成功しやすい仕組みになっています。よって、高性能なコンピューターや膨大な電気代を費やさなくても、有利にマイニングできる仕組みになっています。

　PoWはコンピューターと電気代を大量に使って毎回計算をおこなっています。マイニングを成功する確率を上げるには、より多くのコンピューターや電気代といったパワーを投入しなくてはなりません。より多くのパワーを持っている人は、そもそもより多くのお金も持っているはずです。

　PoSではお金をより多く持っている人が確率的に報酬を得やすくして、そもそもお金を多く持っているのであれば、それを裏付けとして電気代などのパワーを消費しなくてもPoWと同等の効果が得られると言えます。

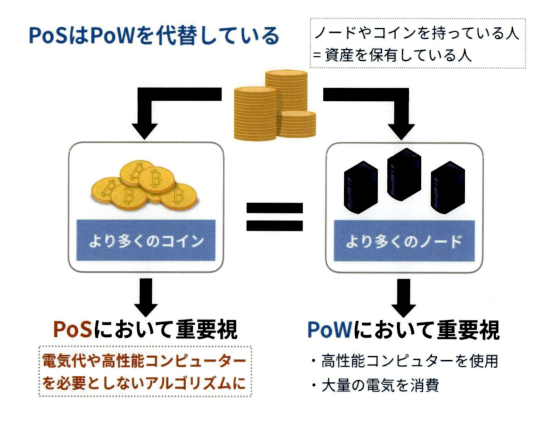

コイン報酬

　PoSのコイン報酬に関するアルゴリズムは、プロジェクトによって異なり、いくつか種類があります。

　後述するEthereumでは、コイン報酬は一定（現在は1ブロック2ETH）となっており、CoinAgeが大きい人が純粋にブロックの生成確率が高くなり、結果として多くのコインを保有できます。（ただしEthereumはこれからPoSが採用される予定であり、最終的な仕様がどうなるかは定かではあ

りません。)

　一方、マイナーではありますが、NeucoinやHoldcoin,ArohacoinといったアルトコインはPoS(及びPoWの組み合わせ)を採用しており、ブロック数の経過に応じて報酬額が減額されていく仕組みになっています。

　また、Reddcoinというアルトコインでは、古いコインの持ち分評価を下げる（時間が経つと減額される）アルゴリズムにすることで、所有だけでなくウォレットを通じた「活動」にも評価点を与えるような仕組みになっています。（「Proof of Stake Velocity」とも呼ばれています）

プルーフ・オブ・ステークを使うブロックチェーン Ethereum

　PoSアルゴリズムを使用しているプロジェクトはいくつかありますが、その一つとして有名なのがEthereumです。（正確にはEthereumはこれからPoSが採用される予定です。）

　Ethereumは、スマートコントラクト・分散型アプリケーション（Dapps）の構築プラットフォームです。Ethereumではユーザーが誰でも自由にスマートコントラクトの記述・実行ができ、チューリング完全（あらゆるプログラムを記述可能）なプログラミング言語Solidityで記述されているのが特徴です。

　現行のEthereumでは、スマートコントラクトの実行履歴であるブロックをブロックチェーンに記録する際にPoWアルゴリズムで合意形成されています。EthereumのPoWでは「Ethash」というメモリーを多く必要とされるアルゴリズムを使っており、PoWのようにマイニング専用のハードウェアを作ることを難しくしており、マイナー集中化の問題を防いでいます。

　そんなEthereumは、将来的なバージョンにおいて、合意形成の方法がPoWからPoSへ移行を進めています。Ethereumは現在PoWによって動いていますが、「Casper」というPoSアルゴリズムの開発をおこなっており、将来のPoSへの移行に向け着々と準備を進めています。

移行時期

Ethereumは2015年にリリースされ、4段階に渡ってバージョンアップしていくという計画があり、各段階はFrontier（フロンティア）、Homestead（ホームステッド）、Metropolis（メトロポリス）、Serenity（セレニティ）と名付けられています。

Ethereumは、次のバージョンであるSerenityの前段階である、Constantinopleをリリースし、SerenityでPoSへの移行を予定しています。

PoWの改善点を考慮して設計されたPoSが、Ethereumを始めとした様々なブロックチェーンプロジェクトに使われています。また、PoSのデメリットを考慮して改善されたコンセンサス・アルゴリズムも開発されています。このように、ブロックチェーンにおける合意形成の方法論はまだまだ始まったばかりであり、今後のアルゴリズムの発展に注目したいです。

2.4 プルーフ・オブ・インポータンス（PoI）

ブロックチェーンにおける合意形成のアルゴリズムは、ビットコインでのプルーフ・オブ・ワークを筆頭に、様々なものが開発されています。ここまで、二つのコンセンサス・アルゴリズムを紹介してきました。

分散ネットワークでの合意を可能にしたコンセンサス・アルゴリズム「プルーフ・オブ・ワーク（PoW）」。そしてPoWの欠点を克服させた合意形成アルゴリズム「プルーフ・オブ・ステーク（PoS）」。

ここでは、PoWやPoSで問題視されていた、マイニングに伴う富の偏りを防ぐことに重点をおいて開発されたアルゴリズムである、プルーフ・オブ・インポータンス（Proof of Importance：以下「PoI」）について、見ていきましょう。

NEM

PoIは、NEM（ネム）というブロックチェーンプロジェクトにて独自に導入されたコンセンサス・アルゴリズムです。すなわちPoIは、NEMの目的・思想に基づいて開発されたアルゴリズムと言えます。

NEMの頭文字はNew Economy Movementの略であり、"A new economy starts with you"というモットーを掲げ、「コミュニティ志向で平等な分散型プラットフォーム」を作り出すことを目標としています。金銭的な自由・平等・連帯感といった原則に基づき、新しい経済圏の創出を目標として始まったプロジェクトです。

PoW、PoS、PoIのどれも、ブロックチェーンにおいてブロックが選ばれる順序を維持するためのアルゴリズムであるという点に変わりはなく、この技術によって取引の改ざんを防いでいます。違いは、その目的に対してどのような作業が重要視されるかということです。

PoWは大量の電気量や高性能コンピューターを使用した「計算量（Work）」が重要視されます。PoSはコインを持っている「保有量（Stake）」が重要視されます。これらに対して、PoIは「システム内での経済活動の貢献度（Importance）」が重要視されるのです。PoIでは、持っているコインの

38 ｜ 2. アルゴリズム

量だけでなく、取引をした額や、取引をした人も考慮に入れて報酬を与えています。

各コンセンサスアルゴリズムの特徴

コンセンサスアルゴリズム	重要視する指標
Proof of Work	**「計算量」** ・高性能コンピュータや大量の電気代を必要とする
Proof of Stake	**「コインの保有量」** ・PoWの計算量を代替して,無駄に電気を消費しなくても良い形に
Proof of Importance	**「NEMへの貢献度」** ・活動の貢献度を重視することで,誰にでも平等な報酬機会を提供

　PoIがこのような指標を重視することによって、NEMのモットーである「コミュニティ志向で平等な分散型プラットフォーム」が叶えられています。これは今までのコンセンサス・アルゴリズムで見られた「お金持ちがよりお金持ちになる」という循環を変えられる可能性を意味します。

Hervesting

　NEMでは、ビットコインにおけるマイニングにあたる、新しくブロックを生成しブロックチェーンに追加し手数料を得る（harvest、収穫する）プロセスを「Hervesting（ハーベスティング)」と呼びます。

　一定の条件を満たせば誰もがNEMのソフトウェアを自分のコンピューターにインストールしてハーベスティングのプロセスに参加することができます。NEMによるとノードは消費電力5Wのマイクロコンピューターで運用でき、ビットコインのようにP2Pネットワークを運用するために、多大な環境負荷（電気量の投下）や高性能コンピューターの使用といった負担がかかりません。

　また、PoIにおけるハーベスティングではNEMネットワークを積極的に使う人がより利益を得られる仕組みになっています。NEMのネットワークに貢献した人は誰でも基軸通貨であるXEMを手に入れることができます。

2. アルゴリズム　39

このような特徴から、NEMでは誰でも平等にハーベスティングの機会が与えられています。

画像：Introducing NEM（https://www.youtube.com/watch?v=3ClzvI5EFss）

ビットコインとNEMのネットワークの比較

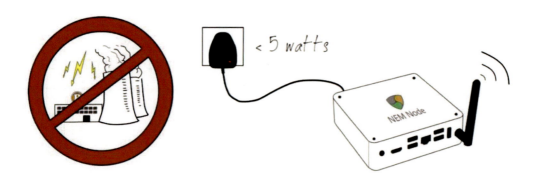

どれだけNEMに貢献しているか

　それでは、どれだけNEMに貢献しているかを表す「importance」のスコアはどのように計算されるのでしょう。これは複雑な計算によって決められていますが、大まかに言えば「保有コインの残高」と「取引数の多さ」の2つによって決められています。

　すなわち「取引」がimportanceスコアの計算にとって非常に重要になっているので、NEMネットワークを（不正なく）より多く使うことがimportanceのスコアを高めることになります。

　PoIが、富めるものがさらに富む仕組みを打破し、平等な分散型プラットフォームを作り出すことへの挑戦はまだまだ続きます。今後の展望に注目していきましょう。

2.5 PBTF

　「ビザンチン将軍問題（※4.2参照）」問題を解決し、P2Pネットワークが正常に稼働するシステムは、ビザンチン・フォールト・トレランス性（Byzantine Fault Tolerance：BFT）を持つと言われます。

　このビザンチン・フォールト・トレランス性を持った合意形成アルゴリズムの一つがPBFTです。

PBFTは一部のノードが障害で停止したり不正を働こうとしたりしても、問題なく合意形成ができる仕組みです。PoWやPoSと同様に不正なブロックの追加を防止するための合意形成アルゴリズムですが、PoWやPoSはパブリック型のブロックチェーンで使用される一方で、PBFTはコンソーシアム型のブロックチェーンに向いていることが特徴です。

例えばLinux Foundationによって設立された「Hyperledger」はエンタープライズ向けブロックチェーンテクノロジーを推進するプロジェクトで、IBMを含む複数の企業が参加しています。そのプロジェクトの一つである、Hyperledger FabricはデフォルトでPBFTが使えるようになっています。

画像：Hyperledger Project（https://www.hyperledger.org/）

PBFTの流れ

具体的なPBFTの流れは以下のようになります。
1. 承認可能なノード（Validating peer）のうちひとつをリーダーノードとし、非承認ノード（Non-validating peer）からのトランザクションをリーダーのみが受け取ります。
2. リーダーノードは他の承認ノードにトランザクションを転送します。
3. リーダー以外の承認ノードは、リーダーから転送されたトランザクションが改ざんされていないことを確認し、結果を自分以外の承認ノードに結果を伝えます。
4. 各承認ノードはある一定の台数から「トランザクションが改ざんされていない」という結果を受け取ったら「トランザクションは全員に正しく配信されている」と判断し、その旨を自分以外の承認ノードに配信します。
5. 各承認ノードは、一定の台数から「トランザクションが全員に正しく配信された」という結果を受け取ったらトランザクションの処理を実行します。
6. 実行結果を台帳に反映します。台帳の更新が終了したら、その旨が非承認ノードに送信されます。
7. 非承認ノードは、一定の台数から台帳更新処理が終了したことを受け取ったら「トランザクションが完了した」とします。

画像：IBM | developerWorks（https://www.ibm.com/developerworks/jp/cloud/library/j_cl-blockchain-basics-bluemix/）

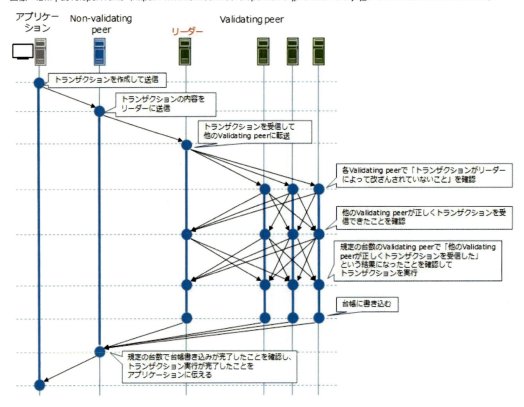

　ここで、参加するノードの台数に一定の要件があります。最初の故障許容ノード数fを決めます。このfを決めた上で、合計3f+1台以上のノードであることが要件となります。これを満たしてはじめてPBFTのアルゴリズムが成立します。すべてのノードが常に正しく動作することが保証しようとなると、故障耐性がなくなってしまうために、このような対策が入っています。

　こういった複数のノードによってトランザクションを検証するという点においては、PoWやPoSといった他のアルゴリズムと同様です。一方でリーダーノードが存在したり、改ざんチェックに対するインセンティブが存在しないという点では異なっています。これらの違いはPBFTの特徴となり、メリットやデメリットとして影響します。

PBFTのメリット

　PBFTを使用するメリットの1点目として、ファイナリティが得られる（決済完了のタイミングが明確）という点が挙げられます。PoWやPoSと異なり、PBFTではリーダーノードによって一定のタイミングでブロックが生成されるため、ブロックチェーンが分岐することはないので、ファイナリティを得ることができます。金融機関などファイナリティの速度が非常に重要となってくる分野においてはPBFTを利用したブロックチェーンは魅力的と考えることができます。

　またスループットが高速であることもメリットです。PBFTではPoWなどで求められる計算処理（マイニングに当たります）を必要としないので、比較的高速な認証処理が可能であり、結果とし

て優れたスループットを実現できます。これは、PBFTは基本的にコンソーシアム内でのブロック
チェーンを想定しているので、マイニングにあたるトランザクションの改ざんチェックにおいて、
ノードにインセンティブを与える必要がないためと考えられます。IBM社のプレスリリースでは、
1,000件/秒以上の取引が可能とされており、これは全銀システムの1,388件/秒に迫る水準です。

PBFTのデメリット

一方でデメリットもいくつか存在します。まず参加ノード数やリーダーノードは基本的に固定さ
れているので、特定の管理者を介さずに合意形成することは出来ません。すなわちプライベート型や
コンソーシアム型でしか基本的にPBFTを利用することはできません。これは、パブリックチェー
ンで得られる不特定多数での合意形成をできなくして、誰かを信頼することで高速化するというト
レードオフのもとで成り立っているからです。

また参加ノードが増えると二次関数的にトランザクション数が増えるため、参加ノードをあまり
にも多くすることはできません。これもパブリック型ブロックチェーンへ適用できない利用の一つ
です。

PBFTはPoWやPoSといった革新的な合意形成アルゴリズムとはまた異なりますが、うまくコン
ソーシアム型のブロックチェーンシステムに適合させたアルゴリズムであると言えます。仮想通貨
のように広く使用されるブロックチェーンはPoWのようなパブリック性が必要ですが、金融分野を
はじめとしたエンタープライズ分野においては、PBFTの活躍が予想されています。

2.6 シャーディング

Ethereumネットワークでは、仮想通貨そのものの取引量が増加したことに加え、分散型アプリ
ケーションやICOが注目を集めたこともあいまって、2017年後半から処理能力の課題が浮き彫りに
なりました。「シャーディング」は、Ethereumネットワークの処理能力向上を目指して議論が進め
られています。

シャーディング導入計画のこれまで

2017年後半から2018年初にかけての仮想通貨に盛り上がりにおいては、Ethereumも他の仮想通
貨同様注目を浴び、ICOブームや、Crypto Kittiesをはじめとする分散型アプリケーションが注目を
集めたときに大量のトランザクションが集中し、Ethereumのネットワークに大きな負荷をかけま
した。

Ethereumが1秒間に処理できるトランザクション数は7～15トランザクションです。よく引き合
いに出されることの多いVISAの処理能力が最大秒間56,000トランザクションであることと比べる
と、大きな差があります。通常時ならまだしもネットワークに負荷がかかれば処理の遅さに批判が
出るのも無理はありません。

ブロックチェーンの処理能力については既知の課題で、Ethereumの考案者Vitalik Buterin氏が書
いた2015年のEthereumブログの記事「Vitalik's Research and Ecosystem Update」ではすでに
シャーディングによるスケーラビリティー向上にふれています。その後数年間、長期間に亘って議

論や研究が進められ、2018年4月にVitalikがシャーディングのプルーフ・オブ・コンセプトを示しました。

- シャーディングのPoCを発表した際のツイート (https://twitter.com/VitalikButerin/status/991021062811930624)
- research/sharding_fork_choice_poc at master・ethereum/research – GitHub(https://github.com/ethereum/research/tree/master/sharding_fork_choice_poc)

シャーディングという単語は、破片を意味する英単語シャード（shard）に由来します。データベース分野では古くから使われてきた単語で、データを複数のデータベースに分散配置して、データベースの負荷を分散することを意味します。

これまですべての検証ノードがすべてのトランザクションの処理に関与していました。これをEthereumでのシャーディングでは、検証ノードを「シャード」と呼ばれるグループに分け、グループごとのシャードチェーンで分担してトランザクションと関連するステートの処理をおこなうことを意味します。

シャーディングのプルーフ・オブ・コンセプトが示されて間もない2018年夏、シャーディングとは別に計画が進行していたCasperと呼ばれるPoSへの移行を一緒に進めた方がよいのではないかという意見が出てきました。当初はシャードの管理は現行のPoWブロックチェーンのスマートコントラクトとして実現し、合意形成アルゴリズムについては段階的に移行する計画でしたが、現在のEthereum Metropolisの次のバージョンのSerenityでは一気にPoSに移行し、新しいブロックチェーンでシャーディングを導入することになりました。一連の計画はEVMの改良なども含みEthereum2.0とも呼ばれています。

シャーディングの導入が検討されて来た経緯とその概要を把握したところで、続いてシャーディングについて、現行のEthereumを大改造するEthereum2.0の構想と合わせて見てみましょう。

Ethereum 2.0 の中のシャーディング

Ethereum 2.0ではシャーディングとCasperのほかにもさまざまな改善が計画されていますが、このふたつが密接に関わり、Ethereumのブロックチェーンの構造が大きく変更されます。

Vitalikはシャーディングを発表したTweetから始まる一連のやりとりで、シャーディングについて読むべき資料を尋ねられると「It is still scattered in parts」（まだ部分的な資料が散らばっている状態）とし、発表から半年たった2018年11月現在でもまだ資料は散在している状態で、本家の資料にあたりたいという方はGitHubにあるシャーディングに関する資料のリストを参照するとよいでしょう。

- Sharding introduction R&D compendium・ethereum/wiki Wiki – GitHub
  (https://github.com/ethereum/wiki/wiki/Sharding-introduction-R&D-compendium)

特にこの資料のリストの「Ethereum 2.0 spec—Casper and sharding」というタイトルの文書には、PoSへの移行とシャーディングに関する最新の仕様が詳細に記述されています。

・eth2.0-specs/beacon-chain.mdatmaster・ ethereum/eth2.0-specs – GitHub
 (https://github.com/ethereum/eth2.0-specs/blob/master/specs/beacon-chain.md)

　ここでEthereum 2.0でブロックチェーンがどのように変化するか全体像を見てみましょう。Ethereum ResearchのHsiao-Wei Wang氏のプレゼンテーションWhat you can do for Ethereum 2.0 a.k.a. shardingのシャーディングのコンセプトを示した図に最新の計画を書き入れました。

画像：What you can do for Ethereum 2.0 a.k.a. sharding（https://docs.google.com/presentation/d/1G5UZdEL71XAkU5B2v-TC3lmGaRlu2P6QSeF8m3wg6MU)

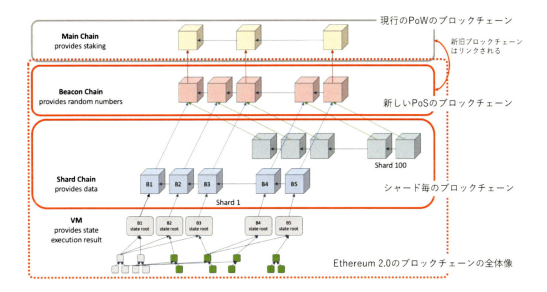

　Ethereum 2.0のブロックチェーンはビーコンチェーン（Beacon Chain）を中心にシャードチェーン（Shard Chain）を含む無数のブロックチェーンの集合と見ることができます。現行の一本のブロックチェーンだけからの構造から大きく変わります。現行のPoWのブロックチェーンとPoSのビーコンチェーンはリンクされ、いきなり旧ブロックチェーンが廃止されてしまうということはないようです。

　Ethereum 2.0では合意形成アルゴリズムとしてPoSが想定されていることから、トランザクションを処理する検証ノードはステークとして32ETH（2018年11月現在、約71万円）をデポジットし、検証ノードのプールに加わります。脆弱なシャードができないように検証ノードは定期的にシャッフルされランダムなシャードに割り振られます。

　個々のシャードでは独自のブロックチェーンであるシャードチェーンが進行します。ビーコンチェーンに対してブロックを提案し、Committeeとよばれる検証ノードの委員会の承認を経て、ビーコンチェーンに取り込まれます。ビーコンチェーンの情報も定期的にシャードチェーンに伝搬されます。メインチェーンとシャードの同期については、Butelin氏による解説Cross-links between main chain and shardsで概要が説明されています。

・Cross-links between main chain and shards – Sharding – Ethereum Research（https://ethresear.ch /t/cross-links-between-main-chain-and-shards/1860）

　前出の資料Ethereum 2.0 spec—Casper and shardingdの末尾には「仕様の約60%が完成」とあり、これからも継続して議論がすすむことになりますが、シャーディングとは、階層化によるノードごとの役割分担と、サイドチェーンによる並列処理でネットワークの処理能力の向上させる技術と言えます。

シャーディングの課題

　Ethereumの処理能力を劇的に向上させる可能性のあるシャーディングですが、課題も指摘されています。
　Bitcoin誕生の背景を振り返ると、ネットワークが特定の組織や個人に支配されない「非中央集権的であること」は、Ethereumや他の多くの仮想通貨やブロックチェーン、分散型アプリケーションのためのプラットフォームにとっても非常に重要です。EthereumにPoSとシャーディングが導入されると、ネットワークの中央集権化が加速するのではないかという指摘もあります。
・Sharding centralizes Ethereum by selling you Scaling-In disguised as Scaling-Out (https://hackernoon .com/sharding-centralizes-ethereum-by-selling-you-scaling-in-disguised-as-scaling-out-266c136fc55d)
・イーサリアムの「中央集権化」はShardingが加速させる | ビットコインの最新情報 BTCN | ビットコインニュース (https://btcnews.jp/xlmxgcow18589-2/)

シャーディングの今後

　シャーディングのロードマップはGitHub上で公開されています。
(https://github.com/ethereum/wiki/wiki/Sharding-roadmap)

　PoSのためのビーコンチェーンの導入からはじまり、最下層のステートを扱うEVMをのぞいたシャーディングの導入、EVMも含むシャーディングの導入とシャーディングの導入が進んでいくようです。公式に発表されたタイムラインではありませんが、Ethereumについては、Casperのリリースが2019年、続いてシャーディングが2020年から2021年にかけて導入されていくだろうという見方が多いようです。
　シャーディングと合わせてPoSの導入が進み、今後数年かけてSerenityでEthereumが真のWorld Computerとなるのか注目したいところです。

2.7 マイニング

マイニングの概要

　マイニングとは、日本語に訳すと採掘という意味です。ビットコインなどの仮想通貨は、すべて

の取引がブロックチェーンに記録されており、日々新しい取引が次々と追記されていきます。その追記の処理をおこなうときに、現在までのデータと、追記の対象期間に発生したすべての取引データの整合性を取りながら正確に記録することが求められます。

　ブロックチェーンの台帳への記録が書き込み待機中となっている取引を承認させるときに「マイニング」という処理がおこなわれます。

　マイニングとはブロックチェーンの安全性を高めるためにおこなう処理で、膨大な数学的計算を繰り返し「ナンス（Nonce）」と呼ばれる数値を探すことを指します。ある単純な計算についてパラメーターを変更しながら総当たりで繰り返し、一定の条件を満たしたパラメーターである「ナンス」を求めます。そして、この計算をおこなうためには、大量のコンピューターハードウェアと電気代が必要となります。よって、運良くナンスを見つけた場合には、その対価として、マイニングの成功報酬と、承認した取引に設定された手数料を受け取ることができます。例えばビットコインでは、その報酬は2019年8月現在で12.5BTCです。これが、膨大な採掘の結果わずかな金（Gold）が見つかるさまに似ていることから、「マイニング（採掘）」と呼ばれています。

マイニングをおこなう理由

　マイニングをおこなう大きな理由は、不特定多数の参加者間での合意形成とデータの改ざんを防ぐことです。取引記録は、ネットワークによって承認される厳密な暗号学的ルールに適合した一つのブロックに収められなければなりません。

　新しい取引が承認されるためには、既存の取引記録を要約した情報に加えて、新しい取引情報をマイニングによって確定し、ブロックがチェーン状に次々と追加されるように設計されています。これにより、以前の取引を改ざんすることが非常に難しくなります。なぜなら、取引を改ざんするには改ざん以降すべてのブロックを再計算することが必要となり、それは数学的に事実上不可能であるからです。

　従ってマイニングという行為は、ブロックチェーンの安全性を担保する重要な仕組みであると言えます。

　また一般ユーザーは、マイニングによってブロックチェーンをネットワーク上で安心して使用できるという恩恵を受けています。

マイニングをおこなっているのは誰か？

　マイニングは、計算パワーを提供し、その見返りによる収入を得ているマイナー（採掘者）によっておこなわれています。理論的にはPCを用意すれば、誰もがマイナーになることができます。

　マイニングではナンスを総当たりで探索することなので、より計算能力の高いコンピューターを使用するほど採掘が有利になります。

　現在ではマイニング専用ハードウェアの高性能化が進んでおり、さらにマイニング専用のハードウェアを何千台も使用している「ファーム」と呼ばれる組織でもないと、ほぼマイニングすることはできません。

　ビットコインにおけるマイニング・ファームは10社程度でシェアの90％以上を占めており、多く

は電気代や初期投資の安い中国企業となっています。その総投資額は数千億円とも言われています。

　またそのような背景から、複数のマイナーで協力してマイニングをおこなう「マイニングプール」という仕組みも出てきています。彼らはマイニングの結果、得られた採掘報酬を各マイナーの貢献度に応じて分配します。

　従って協力することによって一度に得られる報酬は低いが、安定的に収入を得ることができるというメリットがあります。

　マイニングを必要とするブロックチェーンは、安全性を支えられている一方、サーバーや電力など大量に使い効率の悪さも指摘されています。すでにこの問題の解決手段は幾つか登場していますが、今後もより効率的にブロックチェーンを動かしていく技術は進んでいくでしょう。今後の発展に目が離せません。

3. ブロックチェーンの種類

3.1 パブリックチェーン

　ブロックチェーンの分類にはいろいろな方法がありますが、ここでは3つの「パブリックチェーン」「コンソーシアムチェーン（パーミッションドチェーン）」「プライベートチェーン」と分けて説明していきます。それぞれのブロックチェーンの定義は明確には決められておらず、いろいろな定義付けがなされていますが、パブリックチェーン（またはパブリックブロックチェーン）はJBA（Japan Blockchain Association：日本ブロックチェーン協会）によるブロックチェーンの定義1である「ビザンチン障害を含む不特定多数のノードを用い、時間の経過とともにその時点の合意が覆る確率が限りになく0近くへ収束するプロトコル、またはその実装をブロックチェーンと呼ぶ。」という意味合いが強いです。

　すなわち、パブリックチェーンはインターネットなどのP2Pネットワーク上において、中央集権的な管理者がいなくとも、確率的にネットワークの合意形成ができるプロトコルと実装であり、経済的インセンティブを設けることによって実用的な範囲でこれを実現している、と言えます。

画像：「ブロックチェーンの定義」を公開しました｜JBA（http://jba-web.jp/archives/2011003blockchain_definition）

ブロックチェーンの定義

> 1）「ビザンチン障害を含む不特定多数のノードを用い、時間の経過とともにその時点の合意が覆る確率が0へ収束するプロトコル、または
> その実装をブロックチェーンと呼ぶ。」
>
> 1) A blockchain is defined as a protocol, or implementation of a protocol, used by an unspecified number of nodes containing Byzantine faults, and converges the probability of consensus reversion with the passage of time to zero.
>
> 2）「電子署名とハッシュポインタを使用し改竄検出が容易なデータ構造を持ち、且つ、当該データをネットワーク上に分散する多数のノードに保持させることで、高可用性及びデータ同一性等を実現する技術を広義のブロックチェーンと呼ぶ。」
>
> 2) In a broader sense, a blockchain is a technology with a data structure which can easily detect manipulation using digital signatures and hash pointers, and where the data has high availability and integrity due to distribution across multiple nodes on a network.

　一方のコンソーシアムチェーンやプライベートチェーンは、中央管理者が存在して良い、合意形成がより厳格でなくても良い、といった要求があり、より広義なブロックチェーンに当てはまります。これはJBAのブロックチェーン定義で言えば、「電子署名とハッシュポインタを使用し改ざん検出が容易なデータ構造を持ち、且つ、当該データをネットワーク上に分散する多数のノードに保持させることで、高可用性及びデータ同一性等を実現する技術を広義のブロックチェーンと呼ぶ。」という2番目の定義に近いものです。従って、そもそもの要求仕様が違うので、ブロックチェーン

の話をするときは、「パブリック」なのか「プライベート（コンソーシアム）」なのかを切り分けて考える必要があります。

パブリックチェーンの特徴

パブリックチェーンの特徴としては、以下の点が挙げられます。

・中央管理者がいない
・合意形成に参加するノード数に制限がない
・合意形成に関する証明は厳格におこなわれなければならない
・秘密鍵・公開鍵さえ作ってしまえば誰でもすぐに使用できる
・ブロックチェーンの中身は誰でも検証できる

画像：中央銀行から見たブロックチェーン技術の可能性とリスク | 日本銀行 (https://www.boj.or.jp/announcements/release_2016/rel161128a.pdf)

	プライベート型	コンソーシアム型	パブリック型
管理者	単独の機関	複数のパートナー	存在せず
ノード参加者	管理者による許可制	管理者による許可制	制限なし
合意形成	厳格ではないことが可能	厳格ではないことが可能	厳格であることが必要（PoW、PoS等）
取引速度	高速	高速	低速

現在、金融業界が実証実験のターゲットとしているブロックチェーン

Bitcoin、Ethereum等の仮想通貨の基盤に利用されている

パブリックチェーンにおいて取引の承認を担うのは不特定多数のノードやマイナーです。例えばパブリックチェーンに分類されるビットコインにおいて生成されたブロックを承認するのは、ビットコインブロックチェーンに参加している不特定多数のノードやマイナーです。秘密鍵（及びそれに一対一で対応する公開鍵）を作成してしまえば、誰でもノードやマイナー、利用者になることができるのが大きな特徴です。

さらにプルーフ・オブ・ワークやプルーフ・オブ・ステークといった、不特定多数のノードによっておこなわれる取引の合意形成は非常に厳格であり、管理者がいなくとも改ざんがないような仕組みになっています。

また「パブリック」とあるだけに、ブロックチェーンに書かれている内容は誰でも参照することができます。すなわち使用しているデータベースを誰もが見ることができるということです。これは後述しますが、メリットでもありデメリットにもなりえます

パブリックチェーンのメリット

ここまでの定義や特徴を踏まえて、パブリックチェーンのメリットについて説明していきましょ

う。一番のメリットはやはり中央集権的な管理者がいなくても成り立つという点です。ブロックチェーンの生みの親であるビットコインを発明したナカモトサトシは、ビットコインを「管理者がいなくてP2Pネットワークで機能する合意システム」を意図として開発しています。従って、パブリックチェーンに該当するブロックチェーンはすべて、管理者を排除した形で完成されたものであると言えます。

またパブリックチェーンの合意形成に関して、プルーフ・オブ・ワークやプルーフ・オブ・ステークはブロックが生成されるたびにすべてのノードによって取引記録の検証と正当性の担保がおこなわれているので、改ざん不可能性や検閲耐性が強いといった点もメリットとして挙げることができます。さらにこのような合意形成は、ブロックチェーンの中身を誰もが参照できるという公共性からも、その正確性が担保されます。

パブリックチェーンのデメリット

それでは、パブリックチェーンにデメリットはあるのでしょうか。一つは合意形成に時間がかかってしまう点です。管理者なしで多数のノード合意形成により厳格に承認をおこなう場合は、その代償として多くの時間や計算パワーを消費してしまいます。

また、パブリックチェーンは管理者なく運営されているため、仕様の変更に関して多くの時間を要してしまいます。仕様の変更にはコミュニティ全体で議論をして最終的にはブロックチェーン上で多数の合意が取れて初めて仕様変更がおこなえます。これは独裁的にプロトコルが変更されてしまう危険を防ぐためにはメリットですが、素早い仕様の変更を必要とするシステムにおいてはデメリットとなってしまいます。

パブリックであり誰もがデータベースを参照できることもデメリットにもなりえます。基本的にほとんどのブロックチェーンでは秘密鍵・公開鍵、ハッシュ関数などを使うことで各IDが誰のものかわからないようになっていますが、なんらかの方法で鍵の所有者が誰かがわかってしまうと、そのIDによる記録は完全に追跡されてしまうため、プライバシーの観点から問題視されている一面もあります。

ビットコイン

ここまで何度か言及されていますが、パブリックチェーンを利用したもので一番有名なものがビットコインです。ビットコインのブロックチェーンは、不特定多数のコンピューターが自由に参加できる状況のなかでも、中央の管理者なしにネットワークの合意形成を得ることができるプロトコルを持った通貨「ビットコイン」のために作り上げられたブロックチェーンです。正確にはビットコインが発明され、その仕組みとしてブロックチェーンが使われ、そのブロックチェーンが後にパブリックチェーンと分類されるようになったと言えます。すなわち、ブロックチェーンは元来パブリックチェーンだけしかありませんでした。

ビットコインブロックチェーンにおいて、非中央集権的な運営をおこなっていくというパブリックチェーンの目的が達成されているのは、プルーフ・オブ・ワークや経済的インセンティブ（マイニングによる成功報酬）をうまく組み合わせたからであると言われています。プルーフ・オブ・ワーク

3. ブロックチェーンの種類 | 51

はハッシュキャッシュといった形でビットコイン登場以前からも存在していた概念であり、ブロックチェーン内で使用されているその他の多くの技術も既存のものでした。従って、ビットコインのパブリックチェーンは、プルーフ・オブ・ワークと経済的インセンティブの組み合わせによって成り立っていることが新規性であると考えることができます。

プルーフ・オブ・ステークを用いている Ethereum も経済的インセンティブがブロックチェーンに組み込まれて機能しており、現状パブリックチェーンは P2P ネットワーク上での合意形成方法と経済的インセンティブの両方をうまく使い合わせることで成り立っていると言えるでしょう。

3.2 コンソーシアムチェーン

特定の複数または一つの団体・人により許可されたノードが取引（ブロック）の承認者となるブロックチェーンが存在し、これらは「パーミッションド（Permissioned）チェーン」と呼ばれます。さらに管理主体が複数からなるようなブロックチェーンを「コンソーシアムチェーン」、一つの管理主体からなるものを「プライベートチェーン」と分類することができます。そのコンソーシアムチェーンについて見ていきましょう。

コンソーシアムチェーンの定義

ビットコインはブロックチェーン初めての実装として、インターネット上で誰でも使えるパブリックなブロックチェーンとして普及しました。それとは異なり、限られた（許可された）人や組織だけが使えるブロックチェーンが実装・普及するようにもなりました。これにより、ブロックチェーンはいくつかの種類に分類できます。よくパブリック（public）やプライベート（private）、パーミッションド（permissioned）、コンソーシアム（consortium）などの用語が出て、意味が曖昧で混乱してしまいがちです。これらは明確な定義により分けられているわけではありません。

コンソーシアムの意味は「協会」また「組合」であり、コンソーシアムチェーンというと、この協会または組合に加入した人や組織だけが使えるブロックチェーンを意味します。例えばいくつかの金融機関の間で、共通の決済処理用のブロックチェーンを作ると、そこに加入している金融機関だけがこのブロックチェーンは使えることになります。

これら3つのブロックチェーンの分類ついて、次の図がわかりやすく説明しています。ビットコインのような完全な非中央集権的な仮想通貨への利用は、ノード参加者に制限がなく厳格な合意形成承認が求められるパブリックチェーンが向いています。一方で、金融機関のようなスケーラビリティやファイナリティ、プライバシー保護といった側面を重視する団体にはパーミッションド型のブロックチェーンが向いていると言えます。その中でも、コンソーシアムチェーンは合意形成において複数の団体を必要とさせることである程度の合意形成の妥当性を確保することができます。従って、パブリックチェーンとプライベートチェーンの中央に位置するブロックチェーンであると言えます。

52 ｜ 3. ブロックチェーンの種類

画像：Fujitsu｜金融ソリューション 〜ブロックチェーンの取り組み〜

	パブリック	コンソーシアム	プライベート
管理者の有無	なし	あり（複数企業）	あり（単独）
BCN（※1）参加者	不特定多数 (Permission less)	特定複数 (Permissioned)	組織内 (Permissioned)
合意形成の仕組み	PoW / PoS（※2）など（厳格な承認が必要）	特定者間のコンセンサス（厳格な承認は任意）	組織内承認（厳格な承認は任意）
利用モデル	ビットコイン	金融機関などによる利用が想定されるモデル	

※1 BCN: ブロックチェーンネットワーク ※2 PoW : Proof of Work / PoS : Proof of Stake

　Ethereumの Vitalik Buterin氏によるブログ記事 "On Public and Private Blockchains" では、コンソーシアムチェーンについて以下のように述べています。

> 「コンソーシアムブロックチェーン：コンソーシアムブロックチェーンは、合意形成プロセスが予め選択されたノードセットによって制御されるブロックチェーンである。例えば、15の金融機関のコンソーシアムを想像してみてください。各コンソーシアムは、ブロックを有効にするためにノードを操作し、各ブロックに署名する必要があります。ブロックチェーンを読み取る権利は公開されているか、参加者に限定されているかもしれません。（中略）これらのブロックチェーンは、『部分的に非中央集権化されている』とみなすことができる。」

コンソーシアムチェーンの特徴

　パーミッションド型のブロックチェーンでは、承認者（ノード）を選ぶ管理主体が存在して分散化されておらず、ブロックチェーンのメリットが失われている、といった批判がなされる場合が多くあります。しかしその分取引承認のスピードを早くすることができたり（ビットコインでは10分ですが、パーミッションド型では通常数秒以内）、取引承認のインセンティブ（ビットコインの場合はマイニング報酬）が不要になったりするため、低コストでスピード性のある運用が可能になるというメリットが存在します。

　また、パブリックチェーンは取引履歴が全世界に公開されているため、秘密の情報などを扱うのが

3. ブロックチェーンの種類　53

難しく、アドレスが誰のものなのか特定されると個人を特定できてしまうというプライバシーに関する課題があります。またブロックチェーンの仕様変更には取引の承認者であるマイナーをはじめとするコミュニティから多数の合意が必要となってしまい、多大な労力を要します。一方で、パーミッションド型では参加者を制限することで情報の公開を制限したりKYC（利用者の本人確認）を導入したり、ブロックチェーンの仕様変更の合意形成が容易であるため、企業・団体が内部で運用しやすい方式であると言えます。

　さらに一つの団体のみからなるブロックチェーンであるプライベートブロックチェーンと異なり、コンソーシアムチェーンは複数の団体によって運用されているので、プライベートチェーンよりデータの改ざん難易度は難しく検閲耐性が高いと言えます。

　このようにコンソーシアムチェーンでは、スケーラビリティやプライバシーなどの課題を解決していますが、管理主体である複数団体以外からはデータを見ることができず、ブロックチェーンが生まれた本当の理由、本当の利点は失われてしまっているといったデメリットもあります。パブリックチェーンが持っている検閲耐性、透明性、サービスの開始コスト、データの可用性といったメリットは、パーミッションド型のブロックチェーンは持っていないとも言えるのです。

コンソーシアムチェーンの例

Hyperledger Fabric

　コンソーシアムチェーンの例として、HyperledgerプロジェクトにおけるHyperledger Fabricが挙げられます。「Hyperledgerプロジェクト」とはオープンソースでのブロックチェーン技術を推進するコミュニティー・プロジェクトです。Linux Foundationが中心となり、世界30以上の先進的IT企業が協力して、ブロックチェーン技術・P2P分散台帳技術の確立を目指しています。

　Hyperledgerプロジェクトには、プロジェクトとしてのブロックチェーン基盤がいくつか存在し、その中の一つがHyperledger Fabricです。FabricはIBM社などにより提供されているプロジェクトです。

Hyperledger Fabricは、複数のノードにおいて、大半のノードが合意を認めればトランザクションが承認される合意形成アルゴリズム「PBFT（Practical Byzantine Fault Tolerance）」によって、より速い認証ができるようになっています。ビットコインなどで用いられている合意形成アルゴリズムであるプルーフ・オブ・ワークは、何千以上ものノードが使用されていますが、PBFTを用いたブロックチェーンは、数ノード（最低4代以上）で構築することができます。

　Hyperledger Fabricはアイデンティティサービス・ブロックチェーンサービス・ポリシーサービス・スマートコントラクサービスの4つのコアコンポーネントカテゴリの集まりになっています。

　アイデンティティサービスでは、参加者のアイデンティティと権限を管理できます。ブロックチェーンサービスでは、P2Pの通信プロトコルを通じて分散型台帳を管理します。参加者が数人（数ノード）で良く、またメンバーシップ性なので仮想通貨の発行によるインセンティブを必要としないことがメリットとなります。またHyperledger Fabricでは、チェーンコードがトランザクションを実行します。スマートコントラクトがこれに当たり、閉じられた環境で、安全にスマートコントラクトを実行することができます。

Hyperledger Iroha

　その他の例としては、こちらもHyperledgerプロジェクトであるHyperledger Irohaがコンソーシアムチェーンとして挙げられます。Hyperledger IrohaはIBM主導のHyperledger Fabric、IntelのHyperledger Sawtooth Lakeに続いて世界で3番目のHyperledgerプロジェクトへの採択になり、日本の企業発のブロックチェーンとしては初めて採択されました。

画像：Iroha.tech（http://iroha.tech/）

　Hyperledger Irohaはシンプルな設計で、開発者に理解しやすく、開発しやすい構造となっています。通貨やポイントなどのデジタルアセットを簡単に発行・送受信できるライブラリを用意しており、既に学内通貨や地域通貨といった実証実験を行っています。

　Hyperledger Irohaに実装されている合意形成アルゴリズムは、ソラミツ社が独自に開発した「スメラギ」と呼ばれるアルゴリズムです。コンソーシアム型のブロックチェーン設計とすることで、スメラギは2秒以内のファイナリティ（決済完了性）を目指しています。高速のファイナリティを実現することにより、金融機関の決済や対面型決済などのシステムの実現も可能になります。また

スループット（単位時間あたりの処理能力）についても、秒間数千件以上の取引への対応を目指しています。

2017年4月には、カンボジア国立銀行と提携し、カンボジアの新しい決済インフラの共同開発に着手しています。Irohaの持つ、高速なデータ処理能力やデジタルアセットの発行・受送信の技術を活かして、効率的で安全な決済インフラを構築する「スマートマネー」の実現を目指します。

・ブロックチェーン「Hyperledger Iroha（いろは）」の中央銀行・金融監督当局への採用（https://prtimes.jp/main/html/rd/p/000000008.000019078.html）

パーミッション型であるコンソーシアムチェーンは、金融機関などのエンタープライズ団体での応用可能性を秘めたブロックチェーンであることがわかったかと思います。今後、コンソーシアムチェーンがどのように発展していくかはわかりませんが、様々な産業で活用されるであろうことが期待されます。

3.3 プライベートチェーン

プライベートチェーンの定義

コンソーシアムチェーン記事でも紹介しましたが、以下の図がブロックチェーンの種類をわかりやすく説明しています。ビットコインのような完全な非中央集権的な仮想通貨への利用は、ノード参加者に制限がなく厳格な合意形成承認が求められるパブリックチェーンが向いています。一方で、金融機関のようなスケーラビリティやファイナリティ、プライバシー保護といった側面を重視する団体にはパーミッションドチェーンが向いていると言えます。その中でも、プライベートムチェーンは一つの団体、つまり自分の組織内でのみ管理をおこなうことで既存のデータベースシステムの利点の多くを確保するような仕様となっています。3つのブロックチェーンの中では、最も組織内部で運用しやすい方式といえます。

画像：Fujitsu｜金融ソリューション ～ブロックチェーンの取り組み～（http://www.fujitsu.com/jp/solutions/industry/financial/concept/blockchain/）

	パブリック	コンソーシアム	プライベート
管理者の有無	なし	あり （複数企業）	あり （単独）
BCN（※1）参加者	不特定多数 (Permission less)	特定複数 (Permissioned)	組織内 (Permissioned)
合意形成の仕組み	PoW / PoS（※2）など （厳格な承認が必要）	特定者間のコンセンサス （厳格な承認は任意）	組織内承認 （厳格な承認は任意）
利用モデル	ビットコイン	金融機関などによる利用が想定されるモデル	

※1 **BCN**: ブロックチェーンネットワーク ※2 **PoW**: Proof of Work / **PoS**: Proof of Stake

　コンソーシアムチェーン同様、Ethereum の Vitalik Buterin 氏によるブログ記事 "On Public and Private Blockchains" ではプライベートチェーンについて以下のように述べています。

> 「プライベートブロックチェーン：完全にプライベートなブロックチェーンは、書き込み権限が1つの組織に集中管理されるブロックチェーンです。読み取り権限は、公開されていても、任意の範囲に制限されていてもかまいません。1つの会社の内部にデータベース管理や監査などのアプリケーションが含まれている可能性があるため、多くの場合、一般的な可読性は必要ない場合がありますが、それ以外の場合は公開監査性が求められます。」

プライベートチェーンの特徴

　プライベート型ブロックチェーンがもつ特徴の多くは、コンソーシアムチェーンと同様です。コンソーシアムチェーンの特徴を簡単に挙げると以下のようになります。

メリット
　・承認者が少なくてすむので、取引承認におけるファイナリティを非常に早く出来る
　・取引承認のインセンティブ（ビットコインなどにおけるマイニング報酬）が不要
　・ブロックチェーン参加者を制限し情報の公開を管理することで、プライベートを保護できる

デメリット
　・ブロック承認の検閲耐性や透明性が低い
　・ブロックチェーンサービスの開始コストが高い

3. ブロックチェーンの種類　57

・データの可用性や永続性が低い

　プライベートチェーンは、コンソーシアムチェーンより管理団体が少ないので、このメリット・デメリットがより顕著になります。耐故障性や耐改ざん性というブロックチェーン技術の特徴を保ちながら既存データベースの性能を追求していく「情報システムとして運用される」タイプのブロックチェーンです。

　パブリックチェーンと比べて、このようなプライベートチェーンの大きな特徴は「技術面でよりリスクが取れる」ということです。不特定多数のノードが参加する前提のパブリックブロックチェーンとは異なり、自社の組織内で検証や技術開発ができるので、より深く性能を追求することができます。

　このように、プライベートチェーンには、従来型のリレーショナル・データベースから置き換えることにより、二重払いの抑制ができる、P2Pネットワークの特徴で故障に対して単一障害点がない、アクセス過多に対して耐性があるなどといった、ブロックチェーンの特徴を取り入れることができます。よって、ブロックチェーンのメリットの部分が重要視されるサービスにおいて、その特徴を簡単に取り入れたいときに使われていくでしょう。

プライベートチェーンの事例

Hyperledger Burrow

　プライベート型ブロックチェーンの応用事例の一つとして、Hyperledgerプロジェクトの「Hyperledger Burrow」が挙げられます。

画像：Hyperledger（https://www.hyperledger.org/projects）

　Hyperledger Burrowは、FabricやSawtooth lake、Irohaなどと同様に、Hyperledgerブロックチェーンのフレームワークとなり、2017年4月下旬頃に正式にHyperledgerプロジェクトの傘下となっています。Burrowの特徴的な点として、最初のEthereum由来のプロジェクトであり、パーミッションド型のスマートコントラクトマシンの実現を目指しています。

　Burrowプロジェクトは2014年の12月からオープンソースになっており、BurrowのGitHubには以下のように説明されています。

58　　3. ブロックチェーンの種類

> 「Hyperledger Burrowは、Ethereumの仕様にしたがってスマートコントラクトコードを実行する、パーミッション型のブロックチェーンノードです。Burrowは複数のチェーンの世界のために作られ、アプリケーション固有の最適化を念頭に置いています。ノードとしてのBurrowは3つのコンポーネントから構成されます。それは、合意エンジン・パーミッション型のEthereumバーチャルマシン（EVM）・RPCゲートウェイです。」

MultiChain

もう一つのプライベートチェーンの例としては、MuitiChainがあります。MultiChianはビットコインから派生した、プライベートチェーンを構築できるプラットフォームです。ユーザー権限を導入することでノードに参加可能かどうか等を制限しているので、ブロックチェーンでのアクティビティは許可されたユーザーによってのみおこなわれます。従って、プライベート型としてだけでなく、コンソーシアム型としての使い方もできるでしょう。

画像：MultiChain（http://www.multichain.com/）

ここまで様々なタイプのブロックチェーンを見てきました。ブロックチェーンの設計は多岐に亘り、目的や使い方によってその姿を大きく変えていることがわかったかと思います。これからブロックチェーンに関する議論をするときは、単に「ブロックチェーン」という括りではなく、パブリックなのか、コンソーシアムなのか、プライベートなのか、といった視点で捉えていくと、より理解が深まるでしょう。

3.4 サイドチェーン

サイドチェーンとは、主にパブリックチェーンに接続された、別のブロックチェーンのことをいいます。ブロックチェーン間で仮想通貨などのやり取りを双方向でおこない、様々な機能を可能にする技術のことです。

サイドチェーンが作られた背景

　ビットコインには、経年により送金手数料が増えている、ブロック承認までの時間が10分と長い、スマートコントラクトなど機能が使いにくいといったデメリットが存在します。これらのデメリットを解決するために、ビットコインの外側にもう一つチェーンを作るサイドチェーンという概念が登場しました。

　また、ブロックチェーンとして信頼性の高いビットコインのブロックチェーンには技術的蓄積がありますが、技術の蓄積とともに関わる人間も増え、新たな技術変更をするにも合意が得られにくくなっているという課題もあります。しかしサイドチェーンであれば、ビットコインのコア技術を利用しつつ、新たな技術を素早く投入できるというメリットが存在します。このような背景で、サイドチェーンが開発されるようになりました。

サイドチェーンとは

　サイドチェーンとは、ビットコインなどのパブリックブロックチェーンの「側鎖」となる概念です。パブリックチェーンでは実現できなかった機能をサイドチェーンをつなぐことによって、あたかもブロックチェーンの機能拡張としての役割をはたすことができます。

　基本的にはパブリックチェーンのある時点の状態をサイドチェーンに移し、サイドチェーンで状態の変化を繰り返し、最終的な結果をパブリックチェーンに書き込むということをします。パブリックチェーンには、ある時点から次の時点まで状態変化が1つしかおこなわれていないように認識されますが、実際は何度も状態変化が発生し、その経過はサイドチェーン上で管理されるかたちになります。この時、重要になることは、ある時点から次の時点までの最終的な状態変化の結果の辻褄が合っていることです。これが間違ってしまうとパブリックチェーン側で処理をすることができなくなってしまいます。

　サイドチェーンは、2014年にBlockstreamにより初めて実装に関するホワイトペーパーが発表されました。2016年11月には、米国特許商標庁よりサイドチェーン技術の特許出願書が公開されています。特許自体は2016年5月に申請されたもので、特許防衛ライセンス（DPL）取得に伴い、一般アクセスが可能になっています。

Blockstream

　Blockstreamは実業家兼投資家のAustin Hill氏を始めとし、ビットコインの初期から開発に関わってきたAdam Back氏やGregory Maxwell氏などによる開発チームで開発をおこなっている企業であり、設立からわずか2年間で760万ドル（約8億2000万円）の資金調達に成功しています。

画像：Blockstream（https://blockstream.com/）

　Blockstreamのプロダクトとして、オープンソースのアプリケーション開発向けプロダクトである「Elements」と、ビットコイン取引所を対象とし、Blockchain-as-a Serviceとして提供するサイドチェーンプロダクト「Liquid」があります。

サイドチェーンの特徴

　サイドチェーンには大きく分けて二つの特徴があります。

　一つ目は背景で述べたようにビットコインブロックチェーンの機能拡張ができるという点です。サイドチェーンを用いることで、送金手数料の軽減・ブロック承認の時間短縮・スマートコントラクトなどの機能追加といった、従来のビットコインにはできないような機能を実装することができます。しかしそれでは今までのアルトコインと同様の位置付けに思われるかもしれません。サイドチェーンで重要な点は、ビットコインブロックチェーンに紐付けられているという点です。従ってビットコインブロックチェーンにおいて担保されるセキュリティの高さなどの恩恵を受けることができ、これは流動性の低いアルトコインとは大きく異なります。

　二つ目は、独自仮想通貨をサイドチェーン上で発行できるということです。ポイントは、ビットコインもサイドチェーン上の独自通貨も双方向で移動・取引ができるという双方向ペグ（two-way pegging）にあります。これに似たプロダクトは以前から存在しており、例えばcounterpartyの独自通貨であるXCPはビットコインをあるアドレスにおくりProof of Burnすることで、XCPを割り当てていました。しかし、この方法ではXCPからBTCに戻すことができないので、一方向ペグ（one-way pegging）でした。サイドチェーンの仕様ではtwo-way-pegを実現しているので、変換した仮想通貨からBTCに戻すことができます。

画像：ブロックストリーム（https://blockstream.com/technology/）

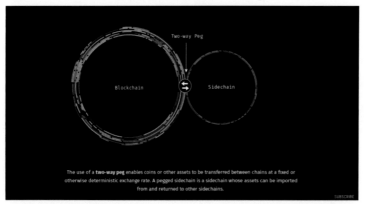

　サイドチェーンは親チェーンでトランザクションを作成し、子チェーンで相対するトランザクションを作成し、資産を転送するという手法を取ります。この時SPV（Simplified Payment Verification）と呼ばれるブロックチェーンの全データをダウンロードすることなくトランザクションの検証をおこなうアプローチを用いています。親チェーンのコインをサイドチェーンに転送するために、親チェーンのコインを親チェーン上の特殊なOutputに送ります。それをアンロックできるのはサイドチェーン上のSPV証明のみとなっています。チェーン間の処理の流れは以下の図のようになっており、親チェーンとサイドチェーン間で相互にSPV検証をおこなうようにしようという提案です。

画像：Enabling Blockchain Innovations with Pegged Sidechains（https://www.blockstream.com/sidechains.pdf）

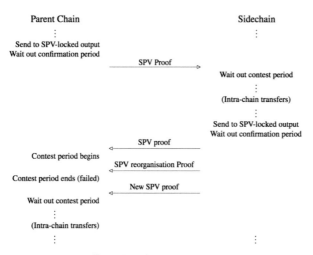

Figure 1: Example two-way peg protocol.

サイドチェーンの問題点

　サイドチェーンの実装にはいくつかの問題もあると考えられています。サイドチェーンはセキュリティ確保のため、同じコンピューターのハッシュレートでビットコインの親チェーンとサイドチェーンを同時採掘できるマージマイニング（merged mining）の導入が必要となる可能性があるとしています。もしマージマイニングがおこなわれない場合、マイナーはどのブロックチェーンをマイニングするかを選ばなければならないため、一部のチェーンでセキュリティリスクが高まる可能性があります。

　また、総合的にはより大きなマイニングパワーが必要となるため、ビットコインで問題となっているマイニングの集中化がさらに進む懸念があるという問題もあります。マイナーはサイドチェーンに接続されたブロックチェーンすべての取引手数料を得ることになるため、強力なハッシュパワーを持つ少数の企業がさらにその力を強めてしまう危険性が指摘されています。

サイドチェーンの実装事例

Liquid

　Liquidは、Blockstreamが最初に発表したサイドチェーンの実装であり、複数のビットコイン取引所やウォレットなどの間のビットコインの共同保管場として機能します。親チェーンのビットコインと1対1で交換できる共同のビットコインをサイドチェーン上に導入することにより、流動性プールを実装することになることから、即時送金が大きなメリットになります。

　共同プールにより、サービス間のビットコインの移動が瞬時に可能となり、また共同でビットコインを保有することにより、各ビットコイン企業の破産リスクが低下するなどのメリットが生まれます。このLiquidでは取引情報を隠すことができる機密トランザクションが実装されており、プライバシーも守られるとされています。

　サイドチェーンであるLiquid内での移動を即座におこなうため、Liquidにおける取引承認にはプルーフ・オブ・ワークではなく、選ばれた特定の承認者のみにより取引承認をおこなう、RippleやStellarなどの合意形成プロトコルに近い仕組み（Byzantine round robin consensus protocol）をとっています。

画像：Introducing Liquid: Bitcoin's First Production Sidechain (https://blockstream.com/2015/10/12/introducing-liquid.html)

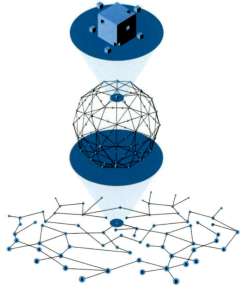

Rootstock

　Rootstockとはサイドチェーンを用いたビットコインベースのスマートコントラクトプラットフォームです。ビットコインのセキュリティ面などの強みを生かしながらEthereumのような複雑なスマートコントラクトの作成をサイドチェーン上で可能にしようとするプロジェクトです。つまりビットコインにスマートコントラクトという機能を追加するという意味合いが強い事例であると捉えることができます。

　Rootstockにおける取引承認は、マージマイニングを利用するため高いセキュリティ性が確保されます。またDECOR＋やFastBlock5と呼ばれるプロトコルを採用することで、サイドチェーンのブロック生成間隔を約10秒という非常に短い時間にするため、即時送金が可能となり、ビットコインのスケーラビリティも上がるとされています。

画像：RSK（http://www.rsk.co/）

　ビットコインのメリットを活かしつつ、デメリットをも改善するような新しい概念であるサイドチェーン。これから多くの決済機能やスマートコントラクトなどがサイドチェーンによってビットコインブロックチェーンに紐付けられる未来が来る可能性が予想されることからも、サイドチェーンはブロックチェーンの発展を見る上で目が離せない注目の存在です。

4. 仕組みに関する用語

4.1 51%問題

　マイニングの計算能力が過半数の悪意あるグループにより支配されてしまう可能性が存在します。この状態を「51%問題（または51%攻撃）」と呼びます。

51%問題の概要

　51%問題とは、悪意あるマイナーによってネットワーク全体の計算能力の過半数（50%以上）が支配されることを表します。この問題によって、ブロックチェーンネットワークにおいても二重支払いなどの不正な取引が行われてしまう可能性があります。

　なぜこのようなことが起きてしまうのか、例としてビットコインで考えます。ビットコインにおいてはブロックの承認にプルーフ・オブ・ワーク（以下「PoW」）という合意形成アルゴリズムが用いられています。

　PoWでは、トランザクションの確認作業を膨大な計算量を要する問題に置き換えることにより、簡単にトランザクションを改ざんできない形にしました。この作業はCPUの計算量に比例して成功する確率が上がる仕組みになっています。従って、PoWにおいては計算能力の高いマイナーになるほどブロックを生成できる確率が高くなるので、もし特定のグループが高い計算能力を支配的に持つことができると、そのグループは事実上ビットコインネットワークをコントロールできるようになってしまいます。

マイニングプール

　マイニングに使われる計算能力は加速度的に上がってしまい、現在では個人レベルでのマイニングはほぼ不可能と言われています。多くのマイナーは計算専用のハードウェアであるASIC（Application Specific Integrated Circuit）などを大量に用いて効率的にマイニングを行っているためです。さらにASICを持つ個々のマイナーも、プールと呼ばれる複数のマイナーで協力して行うマイニンググループに参加することで分配された報酬を得ることができているのが現状です。これはマイニングが中央化されてしまっているとも言えます。

　このようにマイナー達が特定のグループに集まり、現在の各マイニングプールの計算能力は次のようになっています。

画像：Hashrate 配布｜Blockchain.info（https://blockchain.info/ja/pools）

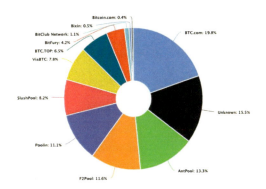

　上記は2019年7月現在のハッシュレートの分布図ですが、一番大きいところでも約19%の計算能力しか支配していません。またマイニングプール自体もマイナーに何かを強制させることはできません。従ってこの時点では特に問題はなさそうです。

　しかし、2位以下の5つのプールを合わせると50%を超えることがわかるかと思います。もし彼ら5つのマイニングプール（及びそのプールに属しているマイナー）が協力をすれば、51%攻撃を行うことが可能になります。

GHash.io

　実際に2013年12月には、GHash.ioというビットコインのマイニングプールの計算能力が50%を超えそうになり、またそれによってビットコインの価格も下がり、51%問題が大きな話題となりました。将来的に同様の事件が起こっても不思議ではありません。

画像：GHash.io（http://ghash.io/）

　またビットコイン以外の参加者が少ない仮想通貨では全体の計算能力が小さいため、より51%問題の危険性が高いということも言えます。

51%問題による影響

　それではブロックチェーンはマイニングの寡占化によって崩壊するのでしょうか。考えなければならないのは、この51%問題によって引き起こされることと、そうでないことを区別することです。
　51%問題によって、悪意あるグループが攻撃できることとしては以下のような点が挙げられます。
・これから行う取引の二重支払い
・ある取引が承認されるのを妨害する
・マイニングを独占する（ブロック報酬をすべて手に入れる）

　一方で、以下のようなことは事実上できません。
・過去の取引データを改ざんする
・他人のビットコイン（を始めとした仮想通貨）を奪い取る

　過去のデータを書き換えることができないという点はブロックチェーン技術においては大きな利点です。そのようなことを理論上ではできてしまいます。しかし、51%の計算能力に加えて過去のブロック生成に使われたパワーをも必要とするので、現実的には無理だと考えられています。
　つまり、51%問題が発生したとしても、過去の履歴が改ざんされることはありません。また勝手に自分のウォレットからコインがなくなったりはしないので、ブロックチェーンにおける利点の多くは守られます。
　また仮に51%問題が起きたとしても、プロトコル自体に変更を加えることで回避することもできます。さらに、51%問題が起こることによってそのブロックチェーンの価値が下がれば攻撃者にとっても良いことはないので、インセンティブという点においてもわざわざ高いコストを支払って攻撃

は行わないであろうと考えられています。

　もちろん51%問題が脅威であることに変わりはなく、このようなブロックチェーン上の問題点は常に議論に上げられています。今後も議論され、仕様に変更が加えられていくかもしれません。注目しましょう。

4.2 ビザンチン将軍問題

ビザンチン将軍問題の概要

　ビザンチン将軍問題とは、2013年にチューリング賞を受賞した数学者のレスリー・ランポート博士（Leslie Lamport）らが考案した分散システム上の信頼性に関わる問題です。

　ビザンチン将軍問題を簡潔に説明すると、「ノード同士が相互に通信することができるネットワーク上で、通信そのものや個々のノードが故障、または故意に偽の情報を伝達する可能性がある場合に、全体として正しい合意が形成できるかを問う問題」です。この問題を解決し、P2Pネットワークが正常に稼働するシステムは、ビザンチン・フォールト・トレランス性（Byzantine Fault Tolerance：BFT）を持つと言われます。

　さて、「ビザンチン将軍問題」と言われる語源は、東ローマ帝国（ビザンチン帝国）の将軍達の問題に由来します。各将軍はそれぞれの軍を率いて、敵軍を包囲している状況を想定します。将軍たちは敵軍を攻撃する計画について合意したいと考えており、「攻撃」するか「撤退」するかを全体で合意しなければなりません。しかし各将軍はそれぞれ離れた場所にいて、直接話し合うことはできず、メッセージを相互に送ることでしか連絡ができません。よって、将軍たちは一斉に指令を出して攻撃を仕掛ければ勝てるが、一部の部隊だけで攻撃を仕掛けると負けてしまうという状況にあります。つまり、攻撃か撤退かのどちらかを、全将軍が一致して同意しなければならない状況です。

　しかし、将軍たちの中には敵に寝返っている裏切り者の将軍がいるかもしれません。裏切り者の将軍は、他の将軍から攻撃の提案を受けると、撤退の提案にすり替えて別の将軍に伝達する可能性があります。そうなると、一部の将軍は攻撃提案と撤退提案の両方を受け取ることも想定されます。最悪、合意形成ができずに攻撃か撤退で意見が半々に分かれて一部の部隊だけが攻撃を開始してしまい、負けてしまいます。

　このビザンチン将軍問題は、インターネット上での合意形成問題に当てはまることがあります。P2Pネットワーク上において、各ノードは他の全ノードに関するデータベースを持っていません。さらに各ノード間で調停を行うことはできず、相互にメッセージを送りつける通信を行うことしかできません。これは、各将軍が全員の将軍の意思決定がわからない中で、相互にメッセージを送ることしかできないというビザンチン将軍問題の状態と同様であると言えます。どちらもこのような状況の中でいかに全員の合意形成を取るかということが問題になってきます。

　なお、ビザンチン将軍問題は分散システムの教科書であればたいてい取り上げられるポピュラーな話題であります。また故障の結果、予測不能な不具合を起こすことをビザンチン障害（またはビザンチン故障）と呼ぶこともあり、これはコンピューターの故障の中でも一番面倒なケースとなると言われています。

ビザンチン将軍問題の具体例

　概要だけでは分かりにくいので、具体例を用いて考えてみましょう。1人の裏切り者と2人の誠実な将軍、合わせて3人の将軍がいると想定します。ここである誠実な将軍が「攻撃」を提案すると想定すると、2人の誠実な将軍が全員一致で攻撃ができるかどうかが、ビザンチン将軍問題の問いになります。

　攻撃を提案した将軍1は、他の将軍たちにその提案を送ります。その提案を受け取った将軍は別の将軍に転送します。しかし、将軍2が裏切り者の場合、攻撃を撤退に替えて将軍3に送ることができます（データの改ざん）。このとき将軍3は最初の提案が攻撃だったのか撤退だったのかわからなくなってしまうので、最終的に正しい合意形成ができなくなってしまいます。もし将軍2が提案した撤退案を将軍3が選んでしまうと、将軍1が選択した攻撃案と意見が分かれてしまい、（将軍1と将軍3は）戦に負けてしまします。

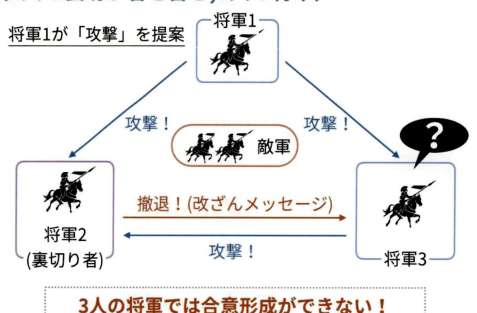

　しかし、誠実な将軍が3人（合計で4人の将軍）に増えるとどうでしょうか。将軍2が同様に裏切り者である場合、将軍3・将軍4に撤退という偽の情報を送ったとしても、3人の誠実な将軍は攻撃という正しい判断を下すことができます。

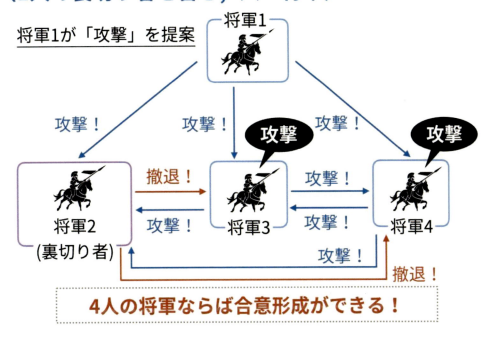

　一般的に、裏切り者の将軍がN人のとき、誠実な将軍が2N + 1人以上であれば、誠実な将軍どうしの判断が一致できることがわかっています（今回の例はN=1でした）。言い換えると、裏切り者（障害となるノード）が、全ノードの1/3以下であれば正しい合意形成ができることになります。

- 参考文献：The Byzantine Generals Problem｜Lamport L , 国立情報学研究所
  (http://dl.acm.org/citation.cfm?id=357176)

ビザンチン将軍問題とビットコイン

　ブロックチェーンを使ったプロダクトの代表例がビットコインです。それではビザンチン将軍問題とビットコインとの関係は何でしょう。ビットコインでは、取引の改ざんがビザンチン将軍問題における裏切り者の将軍に相当します。逆に言えばビザンチン将軍問題を解決しないとビットコインは通貨として成立しません。そこでビットコインはこのような不正を発見・抑止するメカニズムを導入しています。これがプルーフ・オブ・ワークです。

　プルーフ・オブ・ワークは、難しい計算問題を解かせること（マイニング）で、改ざんデータをブロックに記録させるのを困難にしています。さらにマイニングに対して報酬というインセンティブを与えることで、マイナーは誠実に行動していた方が経済合理的になるような仕組みになっています。すなわち、マイニング及び報酬というシステムを利用することで、ビザンチン将軍問題における裏切り者がいなくなる状況を作り出すことに成功したのです。

ビザンチン将軍問題とブロックチェーン

ビットコインだけでなく、ブロックチェーン全体においてもこのビザンチン将軍問題は関係しています。ブロックチェーンを利用したその他のプロジェクトであるEthereumやNEMはプルーフ・オブ・ステークやプルーフ・オブ・インポータンスといった代替方法を用いて、ビザンチン将軍問題を解消していると言えます。

また、ブロックチェーン関連技術にまつわるビジネスを振興し、政策提言を行うことを目的として設立された日本ブロックチェーン協会（Japan Blockchain Association：JBA）は、ブロックチェーンを以下のように（狭義に）定義しています。

> 「ビザンチン障害を含む不特定多数のノードを用い、時間の経過とともにその時点の合意が覆る確率が0へ収束するプロトコル、またはその実装をブロックチェーンと呼ぶ。」

この定義は、ナカモトサトシの論文及びその実装である、ビットコインのブロックチェーンをオリジナルのブロックチェーンとして強く意識していると述べています。ここでビザンチン障害とはビザンチン将軍問題によって引き起こされる故障や障害を指します。このように、JBAはビザンチン将軍問題を解消している点を、ブロックチェーンの重要な特徴と捉えています。

ブロックチェーンのメカニズムは、ビザンチン将軍問題におけるデータ改ざんや通信障害といったことを行う「不誠実な将軍」がいても、システムが組み込まれています。ブロックチェーンの技術から発展し、様々な分散システムにおけるビザンチン将軍問題が解決されるようになり、将来的には、ビザンチン将軍問題に対する新しい解法につながるかもしれません。

4.3 ファイナリティー

ファイナリティーとは

ファイナリティーという概念はビットコインを始めとしたブロックチェーンや仮想通貨に限ったものではなく、決済システムを持つ通貨や取引全般に対して使用される言葉で、もとは金融業界の用語で「決済の確定」を意味します。日本銀行のサイト（https://www.boj.or.jp/paym/outline/kg72.htm/）によると、「ファイナリティーのある決済」を「それによって期待どおりの金額が確実に手に入るような決済」と表現しています。

具体的には、用いられる決済手段について以下の二点を満たす決済が「ファイナリティーのある決済」と日銀は述べています。

・受け取った金額が後になって紙くずになったり消えてしまったりしない

・決済方法について、行われた決済が後から絶対に取り消されない

前者について、日本円や米ドルといった安定した中央銀行が提供する決済手段を利用する場合は基本的には心配がなく、一般の銀行の提供する銀行預金としての決済手段においても、その銀行の信用度が十分に大きければ高いファイナリティーの実現が可能です。また後者について、そうした取り消しのない決済であっても、それを一日の終わりにおこなったのでは遅く、またそれまでの間にある銀行が決済不能に陥った場合はすべての決済が実行できずに混乱に陥ってしまいます。このために同じ取り消しのない決済であっても、それを日中に次々とおこなっていくことを「日中ファ

イナリティー」のある決済と呼んでおり、これは決済の安定を実現する上で重要です。

Proof of Workにおけるファイナリティー

ブロックチェーンにおけるファイナリティーは、合意形成アルゴリズムによって異なります。日本ブロックチェーン協会の定義によれば、ブロックチェーンは「時間の経過とともにその時点の合意が覆る確率が0へ収束するプロトコル」であるとしています。例えばビットコインが採用するPoW（プルーフ・オブ・ワーク）の場合、6個のブロックが承認されるのを待って決済が確定したとみなす場合が多いですが、これは6回の承認の後で決済が覆る可能性は確率的に相当低く、ほぼ起こらないとみなしているからです。このような合意を確率的ビザンチン合意と呼ぶ場合があります。またPoW自体、ナカモトサトシの論文において確率的なファイナリティーであると書かれています。裏を返すと、取引が取り消される可能性は、どれだけ時間が経過してもゼロになることはありません。

画像：JBA（http://jba-web.jp/archives/2011003blockchain_definition）

ブロックチェーンの定義

> 1)「ビザンチン障害を含む不特定多数のノードを用い、時間の経過とともにその時点の合意が覆る確率が0へ収束するプロトコル、またはその実装をブロックチェーンと呼ぶ。」
>
> 1) A blockchain is defined as a protocol, or implementation of a protocol, used by an unspecified number of nodes containing Byzantine faults, and converges the probability of consensus reversion with the passage of time to zero.

イーサリアムの考案者Vitalik Buterin氏によれば、162回のブロック承認の後にチェーンがひっくり返される確率は、2の256乗分の1と同程度の確率です。PoWの場合、ファイナリティーの確率は徐々に高まるものの、どのくらいで安全かはユーザーに判断がゆだねられます。

またこれらパブリックチェーンにおける確率的なファイナリティーは、経済インセンティブと密接に関わっています。つまり、通貨の価格が上がるほど、マイナーの数が増え、マイニングに参加するコンピューターの数が増えるため、それに対抗できるだけのハッキングするために必要なコストが増え続けます。仮にビットコインの時価総額が数百兆円といったような規模になれば、攻撃を仕掛けるほどのコストを支払える人は存在しなくなると思われるので、ビットコインの価値が上がるほどファイナリティーの確率も必然的に上がることになります。

プライベートブロックチェーンにおけるファイナリティー

しかしながら、金融機関の決済システムでブロックチェーンを検討する場合、「確率的な挙動は受け入れにくい」との考え方が主流です。そこで注目されているのが、ファイナリティーが確定する合意形成アルゴリズムを備えたブロックチェーン技術です。

パーミッションドブロックチェーン技術のHyperledger Fabric v1.0では、PBFTの拡張版を使っています。またbitFlyer社のプライベートブロックチェーン技術Miyabiでは「BFK2」、ソラミツ社のHyperledger IrohaではPBFTの延長にある「スメラギ」を使用し、いずれも確定的なファイナリティーを特徴とする合意形成アルゴリズムです。

また2017年3月には日銀が「日銀ネット」のシステムにブロックチェーン技術を適用する想定のもと実験を行い、その結果「ノード数が多いほどレイテンシ（遅延）が増える」との結果が示されました。

画像：日本銀行 第3回FinTechフォーラム（https://www.boj.or.jp/announcements/release_2017/rel170227a.htm/）

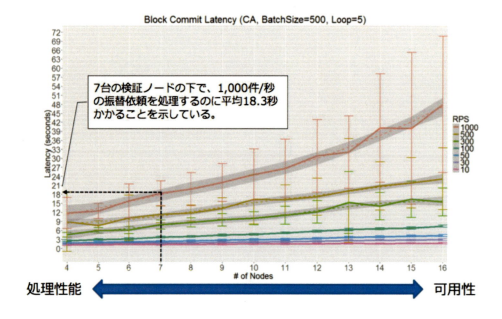

　さらに同9月には欧州中央銀行とのブロックチェーン技術に関する共同調査プロジェクト「Project Stella」の第1段階報告でも、単純なスマートコントラクトの結果によれば、検証ノード数と処理時間はトレードオフの関係にあり、ノード数が増加するとブロック上に記録されるまでの時間が長くなることが確認されています。

画像：日本銀行 Project Stella（http://www.boj.or.jp/announcements/release_2017/rel170906a.htm/）

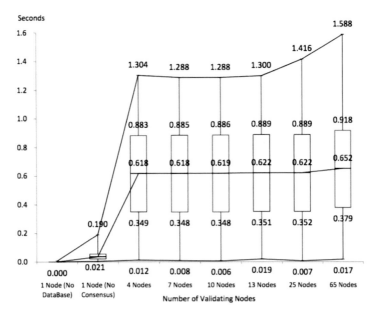

【図表１】単純なスマートコントラクトにおける処理時間の推移

（注）横軸はノード台数、縦軸は処理時間（秒）。グラフの値は下から最小値、25％点、中央値、75％点、最大値を示す。

　プライベートブロックチェーン技術を検討する場合には、このようなノード数と処理時間のトレードオフや確率的なファイナリティーと確定的なファイナリティーのトレードオフを考慮することが求められると言えるでしょう。
　非中央集権型の決済システムとして誕生したビットコインを支えるブロックチェーンは、このように確率的なファイナリティーをうまく使うことで、長期的に運用できています。またファイナリティーを確定的に扱うことでプライベート型やコンソーシアム型のブロックチェーンも開発が続けられています。ファイナリティーという概念を知って見てみると、また一つブロックチェーンを面白く見ることができますね。

4.4 取引手数料

　送金・受金を伴う多くの取引において、送り手と受け手の間には手数料が存在します。仮想通貨もその例外ではなく、送金時に手数料がかかります。しかし一般的な取引手数料の仕組みとは異なり、ブロックチェーンの仕組みに基づいた独特な仕組みになっています。なお、ブロックチェーンを使用した仮想通貨はいくつも存在しており、それぞれのブロックチェーンによって取引手数料の仕組みも異なりますので一概に説明することができません。そこで、ビットコインの場合に限定して説明します。

取引手数料の概要

　取引手数料とは、ビットコインの送金時にマイナーへ支払われる手数料です。ビットコインの中核技術であるプルーフ・オブ・ワーク（PoW）においては、マイニングという行為によって取引偽造が防がれています。

　マイニングによって、ブロックチェーンに新たに追加されるブロックの生成に成功すると、ビットコインのルールで定められた額の報酬が、ビットコインとして支払われます。この報酬に取引手数料も含まれています。そして、この報酬の内訳は、以下のようになっています。

　1．新たに発行（生成）されるビットコイン

　2．ユーザーが支払う取引手数料

　この二つの合計がマイニングに成功したマイナーに支払われます。ビットコインでは時間が経つにつれて1.の新たに発行されるビットコインが減額される仕組みになっています（この仕組みについては別の場所で解説します）。そして、新たに発行されるコインがやがて0になります。すると報酬がなくなってしまいます。しかし報酬には新たに発行されるコイン以外にも2.の取引手数料が含まれているので、配布される報酬が0に達してもマイニングが成功したことによる報酬が0になることはありません。従って、取引手数料は取引（トランザクション）を次のブロックに含める行為（マイニング）に対するインセンティブとして働き続けます。

　また、基本的には少額でも手数料をトランザクションに含めなければならないため、取引手数料はスパムトランザクションやビットコインシステムの悪用に対する抑止力としても機能します。

取引承認の優先度を決める

　手数料には、もう一つ機能があります。それは、手数料を多く払うことにより、取引を早く確定させるよう指示できるというものです。

　手数料を高くすれば、マイナーが得られる報酬が大きくなります。つまりマイナーは報酬をより多くもらえる取引を優先して処理した方が収入をより多く得ることができます。よって、マイナーは手数料の高い取引から承認します。手数料を高く設定するほど取引が処理される優先順位が上がり、早く承認されやすくなります。

　現在、ビットコインの取引確認の優先度は単純に手数料の高さによって決定されていますが、以前は、priority（プライオリティー）というパラメーターも考慮されており、priorityはコインの古さ（最後に使用されたときからの未使用期間）やコインの量によって決まっており、古いコインほど、または残高が多いほど早く確認されやすいという面もありました。しかし、このpriorityは現在では実質的にほとんど使われていないようです。

どのように取引手数料は決まるのか

　この手数料の金額はどのようにして決まっているのでしょうか。

　まず押さえておくこととして、送金者は手数料を自由に決めることができ、その手数料の金額によって承認までの時間が決まります。一方マイニングを行うマイナー側は様々な要因を考慮・計算することで、どの取引を優先して取り込むかを決めます。最近のWalletアプリなどは送金者に代わっ

てこれらの要因を考慮した送金手数料を自動的に計算します。また、手数料の設定はアプリケーションによって違うので、手数料が固定となっているアプリケーションも存在しています。

それでは、どのような要因が手数料に影響するかを説明しましょう。

一つの例として、ビットコインの取引が渋滞すると手数料が上がるといったものがあります。キプロス・ショックやチャイナ・ショックといった、法定通貨の先行きが不安になるという危機が近年起こっていますが、こういった危機が起こったときに、ビットコインを始めとする仮想通貨の需要が高まります。主に、自分の資産を守るため、信用の低下した法定通貨や株式市場からの資産の退避先として、ビットコインなどの仮想通貨が使われるからです。仮想通貨への需要が高まる（通貨が人気になる）と取引量が一時的に増えることになります。取引量が増えると、取引が渋滞しその分承認時間は長くなります。しかし送金者はより早く既存の資金をビットコインに変えたいと思っているので、手数料を上げることで承認時間を早くすることになります。

また時間とともにビットコインユーザーは増え続けており、現在はトランザクションが多すぎるほどになっています。よって、手数料が無料のトランザクションをわざわざブロックに入れてくれるマイナーがいなくなってきており、平均手数料は年々上がってきています。以前は可能とされていた手数料無料の取引は2016年以降には実際にほとんどない状態になっているようです。

画像：ブロックごとの平均手数料の履歴 Trade Block｜Historical Date （https://tradeblock.com/bitcoin/historical/1w-f-tfee_blk_avg-01101）

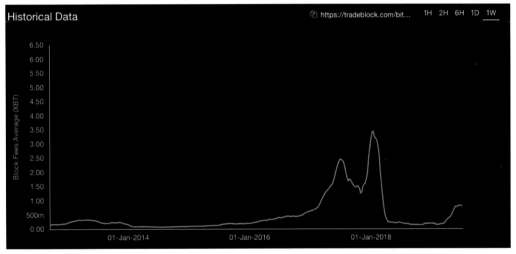

その他の要因として、トランザクションの「データサイズ」に基づいてもマイナーは手数料を計算しています。従って、10BTCでも1BTCでも送金金額が変わっても、データの大きさが変わらなければ取引データの通信コストは変わりません。よって、ビットコインの送金額は手数料に関係ありません。

反対にトランザクションデータ自体が複雑になってデータサイズが大きくなると、手数料が高くなる傾向にあります。これはトランザクションデータの送金元や送金先データが複数ある場合にトランザクションが複雑になったことにより、データサイズが大きくなり、手数料が上がることがあります。

このように様々な要因が手数料に影響しています。現在の手数料がどの程度か気になる人は、以下のような手数料予測サイトがあるので参考にすると良いでしょう。

・PREDICTING BITCOIN FEES FOR TRANSACTIONS.（https://bitcoinfees.21.co/）

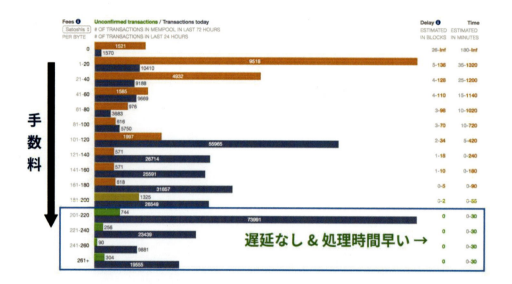

取引手数料はトランザクション処理やマイニングへのインセンティブなど、様々な効果を持つパラメーターであることが分かります。この取引手数料の動向を見ることで、ブロックチェーンの状態を確認することもできます。この観点から取引手数料に注目してみると、またひとつブロックチェーンが面白くなるかもしれません。

4.5 採掘難易度（Difficulty）

プルーフ・オブ・ワーク（以下「PoW」）やプルーフ・オブ・ステーク（以下「PoS」）では、マイニングという大量の「計算」を行うことでシステムの安全性が保たれています。この計算の難易度を表すのが「採掘難易度」という概念です。

採掘難易度（Difficulty）の概要

採掘難易度とは、Difficulty（ディフィカルティー。英語で「難易度」）とも呼ばれ、マイニングに

よりブロックを生成する際の「ナンスを見つける難易度」のことです。具体的な計算方法はコンセンサスアルゴリズムによって異なります。

マイニングの計算概念は、簡単に表すと、これから確定するブロックのハッシュ値がある閾値（Difficulty Target）より小さくなれば良いというものです。これは値が小さいほどマイニングが難しくなります。

採掘難易度は、後述するハッシュレート（採掘速度）と合わせて、ブロックの生成量目安の計算に使用され、ビットコインの場合はブロック生成が平均して10分に1回となるように調整されています。その調整は、2週間に1回行われ、過去2週間の平均ブロック生成時間が10分より長ければ難易度を下げ、短ければ難易度を上げます。これを採掘難易度の「retargeting」と呼んでいます。

採掘難易度はマイニングの競争環境の激化により基本的に上がり続けます。一次仮想通貨市場の冷え込みにより参加者が減り、採掘難易度も下がりましたが、全期間を通してみるとマイニングに参加しているノードの数が増えていることや、ASICなどを使ったマイニング専用のハードウェアが普及し、投入されている計算パワーが増え続けているのが主な理由であると考えられております。すなわち、マイニングはより困難になっています。以下の図はビットコインにおいて、その誕生から現在までの採掘難易度のチャートが示されていますが、指数関数的に難易度が上がっていることがよく分かります。

画像：Difficulty（https://blockchain.info/ja/charts/difficulty）

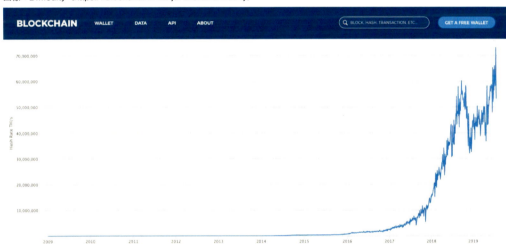

採掘難易度とプルーフ・オブ・ワーク

採掘難易度がどのようなものか、簡単な具体例を用いて見てみましょう。

何人かのプレイヤーがそれぞれ2つのサイコロを繰り返し投げて、その和がある閾値（＝Difficulty Target）を下回る値を最初に出したプレイヤーが勝つ、というゲームを想像してみましょう。これはまさにPoWのアルゴリズムを簡略化したものです。サイコロを投げるという仕事（＝マイニング）を行うことによって解（＝ナンス）を求めることが出来た人が報酬をもらえます。

例えばtargetを11とすると、プレイヤーは投げた2つのサイコロの和が10以下になるようにしないとなりません。一斉に全プレイヤーがサイコロを投げ続け、最初に和が10以下の組み合わせを出したプレイヤーが勝ちます。36通りあるサイコロの和の組み合わせのうち、和が11以上になる組み合わせは(5,6),(6,5),(6,6)の3通りしかない（和が10以下の組み合わせは36-3=33通りある）ので、難易度（= Difficulty）は33/36であると言えます。

一方、targetが4となった場合、和が3以下にならなければなりません。そのようなサイコロの組み合わせは(1,1)(1,2),(2,1)のわずか3通りしかないので、難易度は3/36であると言えます。これによって、投げるサイコロの回数がとても多くなってしまう（PoWにおける「仕事量」が増える）ことが予想されます。従って、このtargetを変えることで採掘難易度を変えることができるということです。

この例における難易度は簡単な確率の計算によって求められますが、ビットコインなどの通貨においても、targetを知ることによって統計的に採掘難易度の見積もりを行うことができます。

ハッシュレート（採掘速度）

採掘難易度と同様に重要な指標としてハッシュレート（採掘速度）があります。ハッシュレートとは、マイニングマシンの計算力の測定単位です。hash/s（1秒間に計算できるハッシュ数）という単位が使われ、K（キロ）・M（メガ）・G（ギガ）・T（テラ）などの単位と合わせて使われます。ハッシュレートが1TH/sに達したということは、1秒あたり1兆回ハッシュの計算を行うことができるということです。

ハッシュレートと採掘難易度から採掘量が計算できます。採掘を行うデバイスによりハッシュレートが大体決まっているため、マイニングマシンの選定における指標などにこの指標が利用されます。

以下の図は、ビットコインネットワークの総ハッシュレート（全マイナーのパワー）を表しているチャートです。マイニングマシンやビットコインの成長によってハッシュレートはここ数年で指数関数的に増加しています。

画像：Hash Rate（https://blockchain.info/ja/charts/hash-rate）

採掘難易度のチャートとハッシュレートのチャートの形状が似ていることが見て取れると思います。これはマイニングに注ぎ込まれるパワー量が爆発的に増えているため、それに合わせて採掘難易度も増加しているということを表しています。

マイニングの難易度を表す「採掘難易度」はここ数年で急上昇していますが、さらに高密度な半導体集積の余地があると言われており、マイニングパワーは依然として指数関数的に進化すると予想されています。マイニング競争の今後にも注目してみましょう。

4.6 ASIC

プルーフ・オブ・ワークでは大量のコンピューターリソースが必要となるため、計算力を高い「ASIC」が多く使われています。

ASICとは

ASIC（Application Specific Integrated Circuit：特定用途向け集積回路）は計算を行うICの一種です。ブロックチェーンに限って使われるものではなく、あらゆる分野の電子機器で使われているものです。このASICはPCなどでコードを記述する際に「特定の用途」向けに最適化した計算・処理機能をプログラムすることで、「特定の用途」専用の集積回路が生成されます。その集積回路を量産したものが、ASICです。専用のASICを作ることにより、汎用のCPUや、グラフィック処理を行うGPUで計算するより、高速化できるというメリットがあります。そして、その「特定の用途」として、ビットコインのプルーフ・オブ・ワークに対して最適化されたASICが開発されました。

ASIC:(https://commons.wikimedia.org/wiki/File:SSDTR-ASIC_technology.jpg)

ASICに至るまで

ビットコインのプルーフ・オブ・ワークは、単純な計算の繰り返しを行います。1つ前のブロックのハッシュ値と取引データに、32ビットの値を加えた値のハッシュ値の計算を繰り返します。計算が終わる条件は、ターゲット値より小さくなるまでで、この32ビットの値を変えながら、何度も何

度も計算を繰り返します。そして、見つかった値が「ナンス（Nonce）」と呼ばれます。このナンスを見つける作業がマイニングと呼ばれています。このマイニングを行うマイナーたちは、誰よりも早くナンスを見つけようと、日々計算を行うだけでなく、その能力改善を行っています。

　ビットコインの登場初期には今よりマイナーの数やマイナーの持つ計算能力が少なかったので、マイニングの採掘難易度が高くありませんでした。採掘難易度は投入されている計算パワーを表す指標でもあるので、当時は今ほどの計算パワーは必要なかったということです。

　従ってその当時は、私たちが一般的に使用しているコンピューターに搭載されているCPUを使用してマイニングを行っていました。その時はCPUだけの力でもナンスを見つけ、報酬を受け取る事が出来ました。

　しかし、マイニングに参加する者が増えてくると、採掘難易度が上がり、多くの計算パワーを投じないとナンスを見つけられなくなりました。そこで、より高い計算処理能力を得ようと、CPUより並列計算に強いGPU（Graphics Processing Unit）が利用されるようになりました。もともとGPUはグラフィックスの処理をするために作成されたもので、グラフィックスの処理に求められる並列計算処理能力がCPUに比べて高く、同じ計算を並列して行うマイニングにも適しているとされて使用されていました。

　ところがビットコインの知名度が上がり、さらに多くのマイナーが参加し、ナンスを見つけるにはより多くの計算パワーが必要になってきました。そこでマイニング専用のツールとしてマイニングに特化したASICが開発されました。さらに現在では、ビットコインのマイニングには専用のASICを何台も束ねたマシンを何千台も使用している「ファーム」と呼ばれる組織がマイニングを主導しています。これでは、一般的なコンピューターで勝つことは困難です。つまりどれだけマイニングでお金を稼げるかは、このASICを多く用意して、これを動かすコストである電気代をいかに安く抑えて動かせるどうかが重要となります。

ASICBoost

　ASICBoostはビットコインのプルーフ・オブ・ワークで使用されるハッシュ関数「SHA-256」のアルゴリズムの特徴をハックすることによって、計算コストを2～3割節約することができるアルゴリズムです。しかし、このアルゴリズムはSegwitが導入されるとブロックの仕様が変わり、ASICBoostでハックしていた部分が影響を受けることでASICBoostを採用したASICが使えなくなってしまいました。

　このことで、ASICは計算性能は高いものの、その計算アルゴリズムを柔軟に変更させることは苦手なため、仕様変更により全く使えなくなる可能性を秘めていることが浮き彫りになりました。

画像：ASIC Boost（https://www.asicboost.com/）

ビットコインゴールド

またASICに関わるもう一つの話題として、ビットコインからハードフォークした新たな通貨である「ビットコインゴールド」も挙げられます。2017年12日に、ビットコインゴールド（BTG）がリリースされました。ビットコインゴールドは10月中にビットコインをハードフォークさせ分岐していました

公式サイトによれば、ビットコインゴールドは、マイニングアルゴリズムを変更することでマイニング参加へのハードルを下げ、より非中央集権的なネットワーク構築をめざしています。ここまで見てきたように、ビットコインのマイニングにはASICの使用が主流となっています。従って新たに参集する個人がマイニングで収益を確保することは難しくなっています。一方でビットコインゴールドでは一般の人でも利用可能なGPUによるマイニングが最適となるように設計されました。これによって多くのユーザーのマイニング参加を促します。（また今回のハードフォークでビットコインゴールドのマイニングアルゴリズムは、ビットコインのSHA256からEquihashに変更されています。）パブリックブロックチェーンでは、十分なマイナーがいないとその安全性が確保できません。そこで、フォークなどによって新たに誕生したブロックチェーンは、マイナーが参加しやすい仕様にすることにより、マイナーを確保しています。

画像：ビットコインゴールド（https://bitcoingold.org/）

Comparison BTC/BTG/BCH	BITCOIN BTC	BITCOIN GOLD BTG	BITCOIN CASH BCH
Supply	21 Million	21 Million	21 Million
PoW algorithm	SHA256	Equihash	SHA256
Mining Hardware	ASIC	GPU	ASIC
Block Interval	10 Minutes	10 Minutes	10 S - 2 H
Block size (actual)	1M (2-4M)	1M (2-4M)	8M (8M)
Difficulty adjustment	2 Weeks	Every block	2 Weeks + EDA
Segwit	✓	✓	
Replay protection		✓	✓
Unique address format		✓	

　ASICという集積回路を一つとっても、非常に多くの要素が絡んでくることが見て取れます。それと同時に、マイニングのためだけに専用のASICが開発されているという事実も、ビジネスとしての広がりとしてまた驚くべきことです。

4.7 半減期

半減期の概要

　半減期とは、マイニング（採掘）が行われる仮想通貨において、その報酬とされるマイニング報酬が半減する（半分になる）タイミングのことです。仮想通貨にはいくつもの種類がありますが、話を分かりやすくするためにビットコインに限定して話を進めます。ビットコインの場合は、プルーフ・オブ・ワークに参加することによってマイニングを行い、その報酬をもらうことになります。

　2009年にリリースされたビットコインの最初のマイニング報酬は1ブロックにつき50BTCでした。ビットコインは10分毎に新たなブロックが生成されます。新たなブロックがどんどん追加されていきますが、マイニング報酬は210,000ブロック毎に半減し、6,929,999番目のブロックが最後のマイニング報酬になることが明確に決められています。これはビットコインプロトコル内に組み込まれているので、簡単に変更することはできません。

　次の図でわかるように、最初のビットコイン半減期である210,000番目のブロックは2012年11月28日に生成されており、マイニング報酬が25BTCに半減しています。2回目のビットコイン半減期である420,000番目のブロックは2016年7月9日に生成されており、マイニング報酬は12.5BTCに半減しました。

画像：Controlled supply(https://en.bitcoin.it/wiki/Controlled_supply#Projected_Bitcoins_Short_Term)

Date reached	Block	Reward Era	BTC/block	Year (estimate)	Start BTC	BTC Added	End BTC	BTC Increase	End BTC % of Limit
2009-01-03	0	1	50.00	2009	0	2625000	2625000	infinite	12.500%
2010-04-22	52500	1	50.00	2010	2625000	2625000	5250000	100.00%	25.000%
2011-01-28	105000	1	50.00	2011*	5250000	2625000	7875000	50.00%	37.500%
2011-12-14	157500	1	50.00	2012	7875000	2625000	10500000	33.33%	50.000%
2012-11-28	210000	2	25.00	2013	10500000	1312500	11812500	12.50%	56.250%
2013-10-09	262500	2	25.00	2014	11812500	1312500	13125000	11.11%	62.500%
2014-08-11	315000	2	25.00	2015	13125000	1312500	14437500	10.00%	68.750%
2015-07-29	367500	2	25.00	2016	14437500	1312500	15750000	9.09%	75.000%
2016-07-09	420000	3	12.50	2016	15750000	656250	16406250	4.17%	78.125%
	472500	3	12.50	2018	16406250	656250	17062500	4.00%	81.250%
	525000	3	12.50	2019	17062500	656250	17718750	3.85%	84.375%
	577500	3	12.50	2020	17718750	656250	18375000	3.70%	87.500%
	630000	4	6.25	2021	18375000	328125	18703125	1.79%	89.063%
	682500	4	6.25	2022	18703125	328125	19031250	1.75%	90.625%
	735000	4	6.25	2023	19031250	328125	19359375	1.72%	92.188%
	787500	4	6.25	2024	19359375	328125	19687500	1.69%	93.750%

　ビットコインの場合はこの半減期を繰り返し、最終的に2140年にすべてのコインがマイニングされると計算されています。

半減期による供給量のコントロール

　それでは、なぜこのような半減期が存在しているのでしょうか。それは、ビットコインの供給量を固定化させるためです。ビットコインの供給はマイニングの報酬からしか行われません。すなわちマイニングの報酬額が減っていくということは、コインの供給量が収束していくということになります。下図を見るとわかりやすいですが、マイニングによる報酬額が減っていくと同時に、コインの供給量が最終的なコイン総数である21,000,000に近づいていくのが見て取れます。全コインが発行され、2140年ごろに全ビットコインが市場に流通すると言われており、それ以降はマイニングの成功による報酬はありません。

　これは過度なインフレを防ぐ作用があります。円やドル・ユーロといった現行通貨は中央銀行が発行すれば、いくらでも通貨を供給することができるので、貨幣の価値が下がりインフレーションを起こしえます。しかしビットコインは供給量がどんどん減っていくので、むしろデフレーションの傾向にあると言えます。

画像：Controlled supply(https://en.bitcoin.it/wiki/Controlled_supply#Projected_Bitcoins_Short_Term)

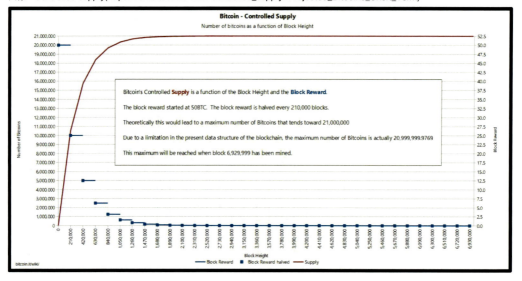

次の半減期

　2016年7月9日の次の半減期（ETA：到着予定時刻（Estimated Time of Arrival））は2020年5月に訪れると予想されています。しかし100%この日に行われることが決まっているわけではありません。ビットコインの場合、半減期は約4年に1度訪れるとされていますが、それは4年という時間を基準に決めているわけではありません。

　ビットコインはおよそ10分毎にブロックが生成されます。また、21,000ブロックごとに半減するということが正確な仕様であると上述しました。従って基準はブロック数なのですが、その21,000ブロックが生成される時間を計算すると、「21,000 x 10分 = 約4年」であるので、約4年と言われています。

　しかし、実際のブロック生成の平均時間は、マイニングパワーが上がる状況では、10分より若干早くなっています。ビットコインには、ブロック生成される間隔が10分程度になるよう自動調整されますが、マイニングパワーが年々上がっている現状では、その若干早くなった時間が積み重なり、4年経たずとも21,000ブロックがマイニングされてしまう可能性が高いでしょう。

86　4. 仕組みに関する用語

画像：Bitcoin Block Reward Halving Countdown（http://www.bitcoinblockhalf.com/）

Bitcoin Block Reward Halving Countdown

Days	Hours	Minutes	Seconds
303	05	38	37

Reward-Drop ETA date: **19 May 2020 11:22:47**

The Bitcoin block mining reward halves every 210,000 blocks, the coin reward will decrease from 12.5 to 6.25 coins.

Total Bitcoins in circulation:	17,829,175
Total Bitcoins to ever be produced:	21,000,000
Percentage of total Bitcoins mined:	84.90%
Total Bitcoins left to mine:	3,170,825
Total Bitcoins left to mine until next blockhalf:	545,825
Bitcoin price (USD):	$10,616.00
Market capitalization (USD):	$189,274,521,800.00
Bitcoins generated per day:	1,800
Bitcoin inflation rate per annum:	3.75%
Bitcoin inflation rate per annum at next block halving event:	1.80%
Bitcoin inflation per day (USD):	$19,108,800

マイニングと半減期

　「取引手数料」に関する説明で詳しく述べましたが、マイニングによって、ブロックチェーンに新たに追加されるブロックの生成に成功すると、プロトコルで事前に定められた額の報酬が、ビットコインによって支払われます。この報酬に取引手数料が含まれており、その内訳は、「①新たに発行されるビットコイン」と「②ユーザーが支払う取引手数料」となっています。この二つの合計がマイニングを成功させたマイナーに与えられます。ここまで見てきたようにビットコインでは半減期を通じて①の新たに発行されるビットコインが減額されます。従って、発行上限に達してしまうと報酬がなくなってしまいます。しかし報酬には新たに発行されるコイン以外にも②の取引手数料が含まれているので、発行上限に達してもマイニングによる報酬が0になることはありません。このことから取引手数料は取引（トランザクション）データを次のブロックに含めるマイニングに対するインセンティブとして働きます。

　従って、半減期によってマイニング報酬は減っていますが、取引手数料が年々上がっているため、マイニング報酬の総額は増える傾向にあります。

画像：Miners Revenue（https://blockchain.info/ja/charts/miners-revenue?timespan=all）

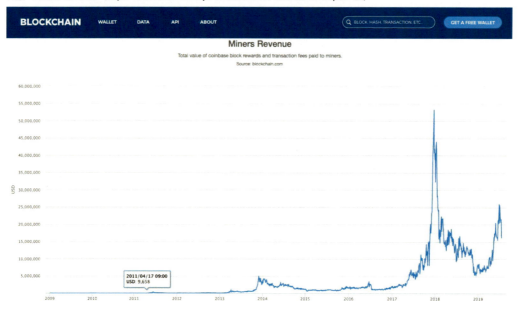

半減期による影響

　ビットコインの最新の半減期は2016年7月9日ですが、6月から7月にかけて価格が上昇していたことがわかります。基本的に、通貨の供給量が減ると、価格は上がります。それは供給量が減ることで1コインあたりの価値が上がるからです。しかし、半減期であった2016年7月9日丁度にビットコインの価格が一気に上がったわけではなく、数か月前から徐々に上がっていました。これは様々な市場参加者が半減期を事前に織り込んでコインのやり取りをしていたためであると考えられます。

　しかし、ビットコインなどの仮想通貨は半減期によって必ず価格が上がる、という保証はありません。今までのように供給量が減ったから価格が上がるという単純な構造ではなく、コインの価格が低下する可能性も捨てきれません。例えば、半減期を迎えてマイニング報酬が減ってその後価格がなかなか上昇しない場合、マイナーは利益が出しにくくなります。すると、マイニングの競争倍率が低下してマイニングの寡占化が進み、結果としてネットワークの価値が弱まってコイン価格が低下する可能性も考えられます。

　もちろん、ビットコインの半減期はいつ起こるか決まっているので、その要因はすでに価格に織り込まれていて、これから半減期が起きるタイミングでも価格が全く変動しない可能性もあります。

画像：Bitcoin Charts（https://coinmarketcap.com/currencies/bitcoin/）

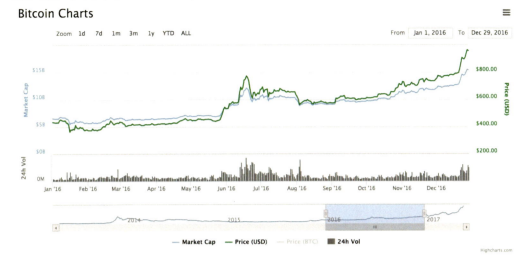

半減期が存在する仮想通貨

　ここまではビットコインの半減期について紹介しましたが、その他にも半減期が存在する仮想通貨はあります。日本初の仮想通貨として知られているモナコインは、2017年7月16日に半減期を迎えました。ビットコインはおよそ4年に1度、半減期が訪れますが、モナコインは3年に1度半減期が訪れる仕様になっています。

　ビットコインの次に開発されたライトコイン（Litecoin）は、ビットコインと同様に4年に1度、半減期が訪れます。ライトコインの最新の半減期は2015年8月26日でした。

　中央集権的な管理者がいない仮想通貨にとって、半減期という概念は通貨の供給量を自動的に決めるために必要不可欠な仕組みです。既存の円やドルといった通貨は中央銀行が供給量を自由に決められるために、膨大な量の通貨がここ数年で発行されており、その是非について様々な議論が行われています。もちろんどちらの仕組みも一長一短でありますが、半減期は通貨発行という仕組みに新たな策を提示したものと考えられ、これからの通貨のあり方を変えていく可能性を秘めているかもしれません。

4.8 スマートコントラクト

スマートコントラクトの概要

　スマートコントラクトは、その名前の通り、洗練された（スマート）な契約（コントラクト）です。ここで洗練されているのは自動化の部分で、契約の条件確認や履行までを自動的に実行させることができます。

　取引プロセスを自動化できるため、決済期間の短縮や不正防止、仲介者を介さないことによるコスト削減にも寄与すると期待されており、各国で取り組みが行われています。また、ブロックチェーン上でスマートコントラクトを利用すると、ユーザー同士が直接取引を行う非中央集権型のサービ

スを実現でき、社会に大きな変化をもたらす可能性があると言われています。

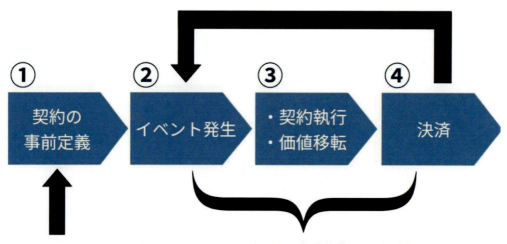

ブロックチェーン上でのプログラムとしてスマートコントラクトを実行すると契約が改ざんされないことが保証される上に、人を介すことなく確実に執行できます。ただしプログラムという性質上、曖昧な内容や解釈を要する免責条項などは定義が難しいため、従来の契約をそっくりそのまま代替できるわけではありません。

また、仮にスマートコントラクトにバグや脆弱性があった場合、不正な処理が行われブロックチェーンに誤った情報が書き込まれるリスクも存在します。従って、スマートコントラクトを使用する際は、プラットフォームやサービスの特性に応じて自由度と安全性のバランスを考慮する必要があると言えます。

自動販売機

スマートコントラクトの考え自体はビットコインよりも古く、1990年代にNick Szaboという法学者・暗号学者によって最初に提唱されました。Szaboはスマートコントラクトをはじめに導入した例として、自動販売機を挙げています。「利用者が必要な金額を投入する」、「特定の飲料のボタンを押す」の二つの契約条件が満たされた場合にのみ、自動的に「特定の飲料を利用者に提供する」という契約が実行されることになります。このように、コントラクト（契約）とは書面上で作成された契約のみをさすのではなく、取引行動全般をさします。

Ethereumのスマートコントラクト

　Ethereumは、ブロックチェーン技術をベースに、特別な中央管理者のいないP2Pシステム上で様々なアプリケーションサービスを実現するための基盤を提供するものです。ビットコインはブロックチェーンの技術を用いて悪意のある参加者が参加する可能性のあるP2Pネットワーク上でお金の取引を正しく動作させる環境でした。一方でEthereumは、取引だけでなくアプリケーション（処理）をこのようなP2Pのネットワーク上で正しくに動作させることを可能にする環境を提供しています。これを実現するための機能として、大きな役割を果たすのがEthereum特有の自由度の高い記述ができるスマートコントラクトです。現在では、様々な業界でその検証がされるようになりました。

　そのひとつとして、ujo MUSICが挙げられます。このサービスは、著作権やアーティストへの対価の支払いをより理想の形に近づけるために創られた音楽配信サービスです。

画像：From The Technical Underground To The Future（https://blog.ujomusic.com/building-ujo-1-from-the-technical-underground-to-the-future-a39e825612ef）

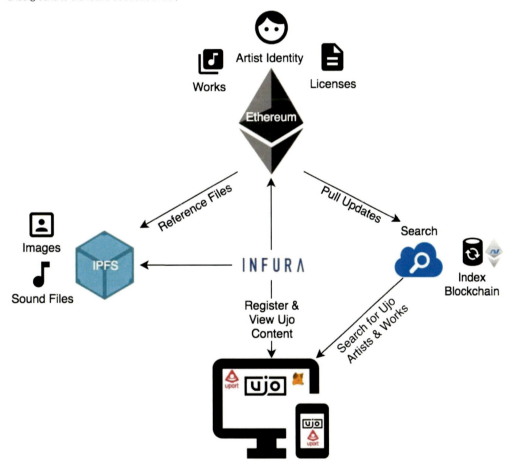

　これまで、アーティストが楽曲をリリースして、楽曲が買われて、アーティストに収入として入っ

4. 仕組みに関する用語　｜　91

てくるまでに、たくさんの中間業者が存在していました。そこにはたくさんの契約が存在し、1曲リリースしてから、収入を得るまでに1年かかることもあったそうです。この契約部分を簡略化し、自動履行できるようにしたのがujo MUSICです。

取引はレコード会社などの中間業者を通さず、決済はすべて仮想通貨Ether（Ethereumにおける独自の内部通貨）によっておこなわれます。ユーザーがWeb上の楽曲を選択してEtherを支払うとそのライセンスが自動発行され、アーティスト達はスマートコントラクトに定義された配分で即座に直接Ether当形で対価を受け取る仕組みになっています。

ChainCode（Hyperledger Fabric）

Hyperledgerプロジェクトは、エンタープライズ向けの分散合意による分散型台帳のオープンソース・モジュールで、プロジェクトの起ち上げには設立メンバーにより相当量の研究・開発パワーが費やされました。

現在のHyperledgerプロジェクトの目的は、仮想通貨の使用などではなく、ブロックチェーンの技術を最大限に利用することです。つまり、ブロックチェーンを利用して様々な問題を解決することが目的なのではなく、純粋にブロックチェーンの分散型台帳が、現実のソリューションを下支えできる、強固な基盤技術になることが目的となっています。

Hyperledgerプロジェクトはブロックチェーンの世界における課題に対して、柔軟に複数のソリューションを提供しています。従来の承認に時間がかかったり、多くのコストを必要とするプルーフ・オブ・ワークの代替となるようなソリューションとなる、コンセンサス・プロトコルを提示しています。また、仮想通貨へのコミットを必要としないで、複数の業界の分散台帳を構築することもでき、異なるプライベートな台帳同士のコミュニケーションやアクセス管理もできます。

そして、スマートコントラクトにも力を入れています。Hyperledgerのリファレンスとなるアーキテクチャの重要な要素として、スマートコントラクト・サービス（Chain-Codeとも呼ばれます）があり、検証ノードという閉じられた環境で安全にスマートコントラクトを実行できるようになっています。

スマートコントラクトが実現できること

これまで見てきたように、スマートコントラクトとは、執行条件と契約内容を事前に定義しておき、条件に合致したイベントが発生すると自動執行する仕組みです。この仕組みは、様々な分野へ応用できると考えられます。

例えばこれまで金融業界は、制度を中心に中央機関や金融機関が取引参加者の信頼性を保証し、巨大なシステムの上で成立してきました。金融は、契約や制度に基づいて確実に処理することが強く求められる世界であり、特に取引成立後、定められた手順で処理を行うポストトレードは、スマートコントラクトとの相性がよいと考えられます。今後、スマートコントラクトの技術の実用化が進むと、金融機関を介さないデジタル通貨による取引や、仲介者不在の自律型サービスが増加し、金融機関や通貨の役割、金融サービスの範囲も変わる可能性があります。

また非金融の分野では、P2Pの電力取引や不動産登記、シェアリングエコノミー、IoTなどの契約

を伴う取引活動全般へスマートコントラクトの活用が見込まれています。

　スマートコントラクトはあらゆる契約行動を自動プログラム化する仕組みであり、この技術がうまく適用されれば、中央機関や特定の管理者を介さずに企業や個人間で取引ができる世界は、そう遠い話ではないかもしれません。

4.9 Solidity

　Ethereumのスマートコントラクトを記述するときに主に使用されている言語は「Solidity」です。

EthereumとSolidity

　Ethereumの自由度の高さは、Ethereumネットワーク上のEVM（Ethereum Virtual Machine：Ethereum仮想マシン）と呼ばれる実行環境によって担保されています。スマートコントラクトはこのEVM上で動作します。ネットワーク上では他のEVMとつながりつつも、実行環境としては独立した環境でEVMが実行されるため、あるコードが他のEVMやブロックチェーンに深刻な影響を与えることなくセキュアに実行されます。

　このEVMの上では専用の数値の羅列で書かれたバイトコード(機械語)によるプログラムが実行されます。このようなバイトコードのプログラムは、人間にとっては可読性や生産性が悪いものです。そこでEthereumでは、可読性と生産性が高いコントラクトを記述することに特化した高水準言語と、それをEVMのバイトコードに変換するためのコンパイラがいくつか開発されています。その代表的な言語が「Solidity」です。このスマートコントラクトを記述するためのプログラミング言語Solidityはチューリング完全で、あらゆるプログラムを記述できます。

　これらの特徴から、Solidityはコントラクトを記述することに特化した高水準言語である「コントラクト指向言語」と表現されます。またSolidity開発のための統合開発環境も数種類あり、Mix、Remix(Browser-solidity)、Visual Studio Codeなどが挙げられます。

Solidityのコード例

　Solidityを使用するためには、コンパイラである「solc」をインストールする必要があります。solcでコンパイルされたバイトコードがEVMで実行されます。

　下記は、単純なスマートコントラクトの一例である「Hello World」をSolidityで記述したものです。

```
contract HelloWorld {
function get() constant returns (string retVal) {
return "Hello World";
}
}
```

　HelloWorld の例では get() 関数が定義され、その中では文字列 Hello World を返す処理が定義され
ています。上記のコードにおけるコントラクトは、get() 関数が呼び出されたら固定の"Hello World!!"
という固定の文字列を返すというものです。このように Solidity において contract 句で宣言される
Contract が基本の構成要素であり、スマートコントラクトは、この contract 句に処理を記述してい
くことで実装されます。
　一般に、Solidity では次の構文で Contract を定義します。

```
contract Contract 名 {
//スマートコントラクトで行う処理をここに記述
}
```

　Contract は Java や Python などオブジェクト指向言語でのクラスに相当するものであり、クラス
変数に相当するような内部状態を保持するストレージ部分やメソッドに相当するような関数、その
中で有効なローカル変数などを持ちます。

Solidity の活用事例

　Ethereum 上で動作するアプリケーションのことを Dapp（Decentralized Application）と呼び
ます。そしてこの Dapp の多くが Solidity で使って書かれています。もちろん過去に紹介した Swam
City や、Slock.it も Solidity を使用しています。
　また、Solidity を使ったスマートコントラクトの開発に特化したフレームワークとして OpenZeppelin
というものがあります。OpenZeppelin は、安全性の確認された再利用可能なスマートコントラクト
のオープンソースライブラリです。こういったスマートコントラクトのライブラリを使用すること
で、セキュアで安全でしかも短期間でのスマートコントラクトの開発を可能にすることを目標とし
ています。
　簡単にスマートコントラクトが記述できる最もポピュラーなブロックチェーンである Ethereum
の存在が、Zeppelin が Solidity 用のツールを開発したきっかけになっています。他にもブラウザ上で
開発し、簡単なテストが行える、Remix という簡易的な開発環境もあります。

また2017年9月には、KDDI総合研究所やクーガーがブロックチェーン技術Enterprise Ethereumを活用したスマートコントラクトの実証実験を開始しています。実証実験ではEnterprise Ethereumの実装としてJPモルガンがOSSとして公開した「Quorum」が使用されていますが、Enterprise EthereumはEthereumと同様にSolidity言語を用いることができます。

　ここ数年でEthereumは、開発者主導の実験的な用途だけでなく、非公開性や安定性などが求められる企業での用途にも広がりをみせています。その流れが加速し、企業ユーザーやEthereumスタートアップの間で議論が行われ、Enterprise Ethereumは　Ethereumを用いながらも、非公開ブロックチェーンといった企業用途に最適化しているという特徴があります。

　スマートコントラクトという言葉は徐々に浸透しています。「過去のデータの実行履歴をすべて記録・公開する技術」としてのインパクトは、契約や登記など社会経済を支えるインフラにまで及ぶ可能性を秘めています。そのスマートコントラクトの裏でSolidityという言語が動いているということを理解しておくと良いでしょう。

4.10 UTXO

UTXOの概要

　ブロックチェーンを利用した仮想通貨はいくつもありますが、一番有名であるビットコインでは、コインの管理方法にUTXOという仕組みを使用しています。（以下ではUTXOを用いる仮想通貨としてビットコインを前提とします。）UTXOとは、「Unspent Transaction Output」の略で、日本語では「未使用トランザクションアウトプット」などと呼ばれています。これは簡潔に言えば、通帳のようにアカウントの残高をそのままデータとして管理・記録するのではなく、取引データのみに基づいて残高を計算して求める方法です。

　UTXOは「特定の所有者にロックされた分割不可能なビットコインの固まり」と表現され、これはブロックチェーンに記録されています。すなわち、利用者のビットコインというのは、アドレス

や口座（ウォレット）に残高として記録されているわけではなく、いくつもの取引データの中に、UTXOとして散らばっているのです。利用者は、ウォレットを用いて、さもコインの残高を管理しているかのように思われますが、コイン残高という概念はウォレットによって作り上げられたものにすぎません。ウォレットは、ブロックチェーンを通して各利用者に属しているすべてのUTXOを掻き集めて残高を計算しているのです。

取引データはインプットとアウトプットで構成される

　もう少し具体的に見ていきましょう。そもそもなぜ「未使用トランザクションアウトプット」と呼ばれているのでしょうか。まず、ブロックチェーン上に記録されることになるトランザクション（取引データ）はインプット（入力＝送付元）とアウトプット（出力＝送付先）の二つから構成されています。より正確に言うと、トランザクションによって消費される、そのUTXOは「トランザクションインプット」と呼ばれます。そしてトランザクションによって新たに作られるUTXOは「トランザクションアウトプット」と呼ばれます。そして、トランザクションインプットの合計額とトランザクションアウトプットの合計額は等しくなります。

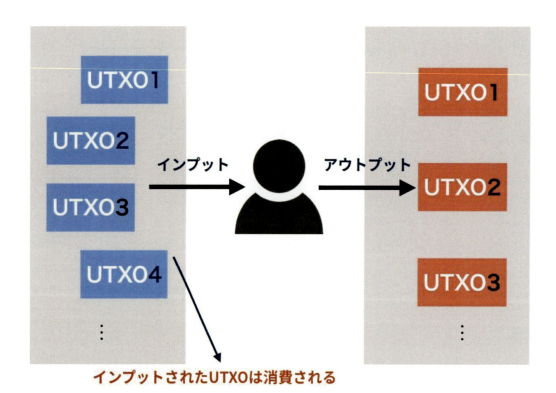

　すなわち、一連のトランザクションの流れにおいて、ある送金（アウトプット）されたコインは誰も消費していない"未使用"の"トランザクションアウトプット"なのです。そしてそのアウトプットは次に受け取る人にとってはインプットとなる（消費される）トランザクションです。そのトラ

ンザクションがインプットとして消費されると、また新たに未使用のトランザクションアウトプット（UTXO）として出力されます。この循環が永遠に続いているのが、ブロックの中の取引データの正体なのです。

参考：Bitcoin Developer Guide（https://bitcoin.org/en/developer-guide#block-chain）

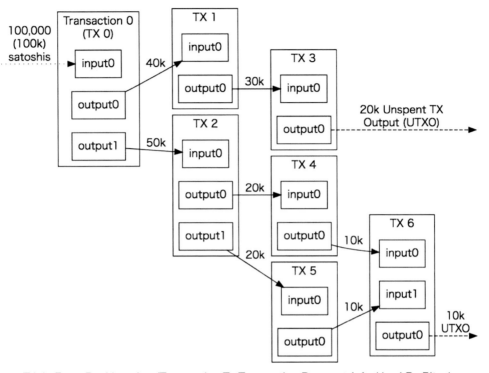

Triple-Entry Bookkeeping (Transaction-To-Transaction Payments) As Used By Bitcoin

coinbase

インプットとアウトプットの連鎖チェーンの例外は、coinbaseトランザクションと呼ばれる特別なトランザクションです。これは各ブロックの最初のトランザクションです。すなわち、マイニングに成功したマイナーに提供されるブロック生成報酬にあたるものです。そのマイナーによってブロックの最初に置かれ、インプットがなく、アウトプットだけが記述されています。つまり無からマイナーのアドレスにコインが割り当てられます。

UTXOの仕組み

UTXOの概要はわかりましたが、それではどのような仕組みで実際に使われているのでしょうか。簡単な例を用いて説明します。例えばAさんは20BTCをもっているとします。ですが上述したように、その20BTCは残高として通帳の最後列に記録されているわけではなく、ネットワーク上に

いくつかのUTXOとして散らばっています。1BTCのUTXOと19BTCのUTXOの2つが集計されているかもしれないですし、0.1BTCのUTXOが200個が散らばっていて集計されているかもしれません。

では、例えば所有している20BTCは、5BTCのUTXOと15BTCのUTXOとして散らばっているとします。その状態でAさんはB店で3BTCの買い物をするとします。自動的に処理が行われ、Aさんは5BTCのUTXOを用いて3BTCを支払うことになります。ここで注意しなければならないのが、UTXOは2つに切ることはできません。つまり5BTCのUTXOを3BTCと2BTCに分けて3BTC分だけ支払うことは不可能です。これは何もすることなく500円玉を100円玉5つに分解することができないのと同じことです。

そこで5BTCのUTXOで3BTCの支払いをすると、支払う3BTCとおつりの2BTCの2つのアウトプットを生成し、新たなUTXOとして扱われます。支払う方の3BTCのUTXOはB店に紐付けられ、おつりの2BTCは再び自分に紐付けられます。おつり用のUTXOは元の自分のアドレスに紐付けられるのではなく、追跡を困難にしプライバシーを保護するために新たにおつり用のアドレスが作成し、そこに紐付けられることになります。

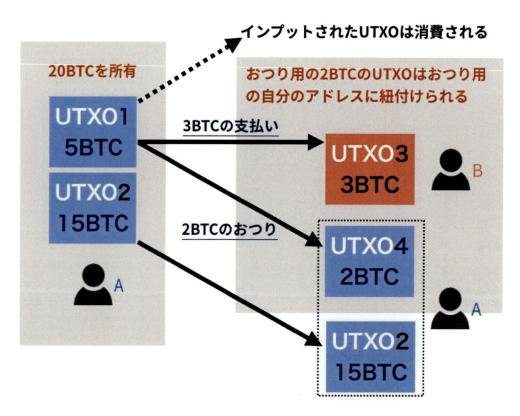

このように見てみることで、コインのやり取り・管理とはいくつかのUTXOのやり取りであり、そのUTXOはそれぞれ各利用者に紐付けられて管理されているということが分かるかと思います。これで最初に述べた、UTXOは「特定の所有者にロックされた分割不可能なビットコインの固まり」

であるという意味が理解できるでしょう。

UTXOの使用例

　ここまでの説明は基本的にビットコインを前提として話してきましたが、仮想通貨にはUTXOという概念を使っているものと使っていないものがあります。

　ビットコイン以外にUTXO方式を用いている有名なものとしては、フィンテックベンチャー企業のR3 CEVみよる分散レジャープラットフォーム「Corda」が挙げられます。使用されている理由としてはビットコインと同様で、多数の取引を同時的に支障なく処理する、プライバシーを重視するといった目的のため、CordaはUTXOを使用しています。

　一方で分散型アプリケーション（DApps）やスマート・コントラクトを構築するためのプラットフォーム「Ethereum」はUTXOが使われておらず、単純にアドレスの残高を直接データとして記録し管理する方法をとっています。これはビットコインのような主に通貨決済向けのシステムではなく、ブロックチェーン2.0のような汎用的な機能を実現するためには、UTXOのような構造はあまり必要ないと判断されたためです。そのため、アカウントの状態を簡単に見られる、データの量は減らせる、システムの実装が簡単になる、といったメリットを享受することができます。一方で、UTXOを用いていないと残高データと履歴データを同時に管理し、それらの整合性を取らなくてはならないので、処理に支障をきたす可能性もあります。

残高データ

アカウント	残高
A	150
B	100
C	30
D	20

履歴データ

送信元	送信先	金額
A	B	50
B	C	20
C	D	10
D	A	5

アカウント	残高
A	105
B	130
C	40
D	25

履歴データを追加し、履歴に応じて残高データを加算/減算して管理する

※整合性を取る必要がある！

4. 仕組みに関する用語　99

このように、UTXOが必ず良いというわけではなく、目的や利用用途に応じてそのブロックチェーンや仮想通貨を設計する必要があります。

逆に言えば、ブロックチェーン技術をうまく使いこなすことで、様々な仮想通貨・プラットフォームを構築することができるということです。UTXOを理解することで、ブロックチェーンの奥深さを一段と理解することができたでしょうか。

4.11 Block Height

ブロックチェーンは、一定期間の取引データまとめてブロックとして保存します。そのブロックは、時系列で前後のブロックとつながりを持っています。よって、ブロックチェーンは最初から最新時点までブロックがひとつながりにつながっています。これを縦に積み上げていると考え、ブロックに番号をつけ、その高さを表す単位を「Block Height」と言います。

Block Height とは

ブロックは1つ前のブロックの値を参照しているため、ブロックが積み上がるように記録されていきます。Block Heightという単位はこの積み上がったブロックの高さとイメージすると分かりやすいでしょう。また、最初に生成されたブロックを0として、対象とするブロックが何番目のブロックとして積み上がっているのかを指しています。

例えばビットコインのブロックチェーンでは、ブロックはおおよそ10分ごとに生成されているので、最新のブロックの高さに10を掛けることで、ビットコインが誕生してから最新のブロックが生成されたまでのおおよその経過時間が分かります。2019年3月のある時点における最新のBlock Heightは56万強です。単純に計算すると、この数値に10をかけたものが、ビットコインが生まれてからその時点までの経過時点となります。ところが、この数値をから逆算するとは今までに平均すると約9.5分のブロック生成時間であるという計算となり、多少のずれがあります。しかし、ビットコインのブロックチェーンではこのようなずれが生まれる仕組みになっているため、特に問題というわけではありません。

画像：blockchain.info（https://blockchain.info/ja/?currency=JPY）

最新のブロック   さらに・・・ →

ブロック高	経過時間	トランザクション	合計送信額	中継所	サイズ（kB）	重量 (kWU)
494060	1 minute	1941	¥ 26,699,103,310.92	SlushPool	1069.69	
494059	34 minutes	2270	¥ 17,603,340,701.05	Bitcoin.com	1,054.28	3,996.88
494058	1 hour 6 minutes	2614	¥ 9,264,843,426.69	BitFury	1,076.32	3,992.43
494057	1 hour 25 minutes	2768	¥ 24,879,895,329.16	SlushPool	1,168.96	3,992.72

ブロックヘッダー

ブロックには、「ブロックヘッダー」と呼ばれるそのブロックにおける情報が書かれている部分があります。ビットコインのブロックヘッダーにはその他ブロックの情報として、以下のものが格納されています。

- ・ソフトウェアのバージョン
- ・1つ前のブロックハッシュ（Previous Block Hash）
- ・（当該のブロックにおける取引記録全体を要約した）マークルルート
- ・ブロックの生成時刻のタイムスタンプ
- ・ブロック生成時の採掘難易度
- ・（Proof of Workを証明する）ナンス

お気づきの方がいるかもしれませんが、ブロックの情報を示すブロックヘッダーにBlock Heightの情報がありません。よって、Block Heightを知るには、これまでに確定したブロックの数を数えなくてはなりません。Block Heightの値を得るのは、意外と簡単ではないことがわかります。

ジェネシスブロック

ブロックチェーンの最初（Block Height 0）のブロックを「ジェネシス（Genesis）ブロック」と呼びます。これはノードによるマイニング（ブロック生成）が行われる以前から存在する唯一の先頭ブロックであり、ジェネシスブロックはソースコード上にハードコーディングされています。これは先程述べたようにブロックチェーンにおける各ブロックは直前のブロックを参照しますが、一番最初のブロックであるジェネシスブロックは直前のブロックが存在しないので、その情報に関して記載しておく必要があるからです。

最初のブロックチェーンがビットコインであり、ビットコインのジェネシスブロックには興味深い記録が残っています。ビットコインのジェネシスブロックにはある文章が書かれており、それは

「The Times 03/Jan/2009 Chancellor on brink of second bailout for bank」

というものです。これはサトシナカモト氏によって書かれました。この文章は2009年1月3日付のイギリスTimes紙の見出しです。なぜこの文章をナカモトサトシ氏が残したのかの真意はわかりませんが、ビットコインが2009年1月3日以前にはなかったことの証明もなっています。このブロックがマイニングされたときには、1ビットコインも流通していなかったので、ジェネシスブロックに含まれていたトランザクションはマイニング報酬を受け取るジェネレーショントランザクション1件のみでした。

2019年3月現在Block Heightは57万近くまで進んでいます。ジェネシスブロックが誕生した2009年1月から9年弱で、50万以上ものブロックが積み上がってきたことがわかります。中央的な管理者がいないながらもここまで一度も崩れることなく、これだけのブロックが積み上がってきたことを考えると、改めてその凄さを伺うことができますね。

4.12 Segwit

scriptSig と scriptPubKey

　Segwitを理解するために、まずはビットコインのトランザクションに関する知識がある程度必要です。そこでscriptSigとscriptPubKeyを抑えておく必要があります。

　ビットコインのブロックチェーン上に記録されるトランザクション（取引データ）は、インプット（入力）とアウトプット（出力）の二つから構成されています。コインを送るのトランザクションがインプットであり送信元の情報が含まれています。一方でコインを受け取るときのトランザクションがアウトプットであり送信先の情報が含まれています。

　それではインプットとアウトプットにはどのような情報が書かれているのでしょうか。まずインプットにはscriptSigと呼ばれるトランザクション（取引）に関する送信元のデジタル署名と公開鍵などの情報がコードとして含まれています。署名とはコインを受け取る際のアドレス所有権を証明するものです。他方、アウトプットにはscriptPubKeyと呼ばれる送信先（受取側）アドレスなどの情報が含まれているスクリプトが存在します。

　scriptSigとscriputPubKeyはどちらもトランザクションスクリプトとよばれるビットコイン専用の言語で作られたプログラムです。scriptSigは秘密鍵所有者のみがscriptSig内に署名データを書き込んでビットコインのロックを解除できるという性質から「ロック解除スクリプト」とも呼ばれています。一方でscriptPubKeyは秘密鍵所有者以外は署名してビットコインを使用できないようにデータをロックすることから「ロックスクリプト」と呼ばれています。

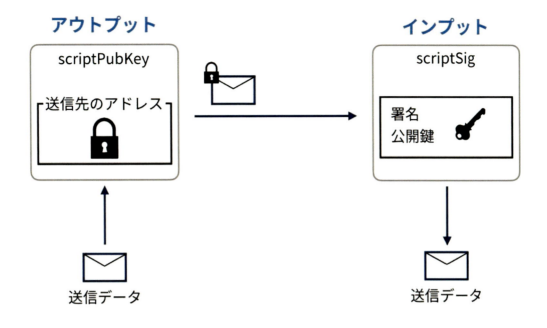

Segwitでは、これらのスクリプトに登場してくる「署名」に着目します。

Segwitとは

　Segwitとは「Segregated Witness」の略であり、直訳すれば「署名の分離」です。つまりSegwitとはビットコインのscriptSig内に含まれている署名を分離して別の領域に格納するというものです。

　Segwitは開発者のPeter Wuille氏により提案された画期的な方法であり、過去すべてのデータと互換性を保ちながら単純にソフトウェアを一部変更しアップデートする（ソフトフォーク）によって実現できます。

　署名（Witness）に関するデータはもちろん必要なデータですが、これまでそれを検証するタイミングは限られた時にのみフルノードが行うのみでした。すなわち多くのウォレットなどでは署名データへのアクセスや検証を行っていないのです。しかしそれにも関わらず、署名データはビットコインブロックチェーンの約60％を占めており、データ容量の観点からスケーラビリティを阻害してしまっていました。

　そこでPeter氏はこの署名データをトランザクションデータ本体から分離（Segragate）し、必要なノードだけが参照できるようにする仕組みにしようとしたのです

Segwitのメリット

　Segwitを行うことによるメリットとは何なのでしょうか。主なメリットとして2点考えてみましょう。

ブロックサイズの上昇

　Segwitにより頻繁に議論されていた大きなメリットとして、実質のブロックサイズが大きくなるという点があります。署名データを分離することで軽量版ブロックが作成されます。これは従来のブロックより軽量でデータサイズも小さいので、この仕様に変更することで1MBのブロックサイズに最大4倍もの情報が入るようになります。従ってブロックサイズを拡張せずに、4倍のスケーラビリティの確保ができるのです。

　具体的には、Segwitではブロックの大きさに関する制限を緩和します。Segwitによって以下の式で表される新たなブロックサイズ式が導入されます。

witness以外のデータ + witness/4 ≦ 1MB　（witness：署名に関するデータ量）

　従来のようにブロックサイズ ≦ 1MBという制限を変更することなく、上式のように署名と署名以外の部分を分離します。これにより、データ内の情報がすべて署名であれば、理論的には最大4MBのトランザクションデータが格納できることになります。しかしトランザクションデータのすべてが署名データであることは現実的にはないため、実際にはブロックの平均の大きさは1.7MB程度になるだろうと予想されています。

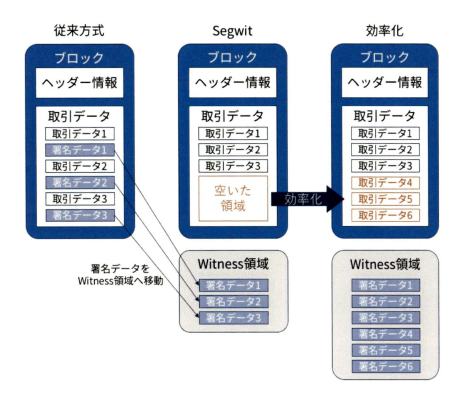

トランザクション展性の解決

　ビットコインには「トランザクション展性（トランザクションマリアビリティ）」と呼ばれる脆弱性があります。ビットコインでは各トランザクションを識別するために、トランザクションIDと呼ばれるトランザクションデータ全体のハッシュ値が使われます。Blockchain.infoなどで送金の内容をチェックすると記載されているハッシュ値です。

　しかし実はこのトランザクションIDは、悪意のあるノードによって、変更されてしまいます。送信先や金額・アドレスなどの取引内容を変更することなく、このトランザクションIDだけを変更できる脆弱性をトランザクション展性と呼びます。

　トランザクション展性があることによって、例えばハッカーがトランザクションハッシュ値が書き換えたとしたら、取引が無効になったりすることはなく、正常な送金としてマイニングされてしまいます。なぜならば、ハッカーは送金先アドレスや送金額などを変えずに、トランザクションIDのハッシュ値だけを変えることが可能だからです。

　この脆弱性をSegwitによって解決できます。Segwitでは署名の部分だけではなく、展性を起こす原因であるインプットスクリプト全体を隔離します。その代わりに新しいスクリプト領域をつくり、そちらを今までのインプットスクリプトの代わりに参照することにします。

　Segwitではインプットスクリプトには何も書かなくて良いので、トランザクションIDのハッシュ値の計算において、ハッカーが改変できる部分が取り除かれた形になります。アドレスや金額など

の他の部分は変更しようとしても無効なトランザクションとして却下されるので、トランザクション展性問題は完全に解決されます。

Segwitに関する情勢

日本初のアルトコインであるモナコイン（Monacoin）が世界で初めてSegwitを採用し有効化（アクティベート）に成功しました。

モナコインは2017年3月よりSegwitのシグナリングが開始されていました。モナコインは日本国産ですが、マイナーは海外にも分散しています。日本を中心としたコミュニティーの努力により、今回の採決でアクティベートに至ったと考えられます。モナコインの今後に注目が集まっています。

画像：MONA COIN（https://monacoin.org/ja/）

また2017年5月11日には他のアルトコインであるLitecoin（ライトコイン）においても、Segwitが正式にアクティベートされています。

画像：Litecoin（http://litecoinblockhalf.com/segwit.php）

このようにアルトコインでは、先行してSegwitなどのアクティベーションを実施することで知見

が集まり、本流であるビットコインに応用するということが実現されました。

多くのブロックチェーン技術はまだ発展途上であり、Segwitも発展のために議論されていた新たな方法の一つでした。将来的にSegwitが常識になっているかどうかはまだ分かりませんが、今後のブロックチェーン情勢を正しく理解するために頭に入れておきたい知識であると考えられます。

4.13 ソフトフォーク・ハードフォーク

ブロックは時に分岐してしまうケースが存在します。そのような状況を「ブロックがフォーク（分岐）する」と言います。フォークにはソフトフォークとハードフォークと呼ばれる分岐があり、これら2つのフォークについて紹介します。

ハードフォーク・ソフトフォーク

元々ハードフォークやソフトフォークといった言葉はソフトウェア開発において汎用的に使われていた用語ですが、ブロックチェーンにおいては固有名詞として用いられています。ブロックチェーンにおいては、ブロックチェーンが分岐することが「フォーク」と定義され、分岐が合流することなく永久に続くものをハードフォーク、一時的な分岐をソフトフォークと言います。

ハードフォーク

ハードフォークは後方互換性・前方互換性のないアップデートのことを指します。ブロックチェーンにおけるハードフォークは、旧バージョンで有効だったルールを新バージョンで無効とし、旧バージョンで無効だったルールを新バージョンで有効とすることです。

ハードフォークの際は、旧バージョンと新バージョンとでルールが異なるため、ブロックチェーンが再び合流することがなく、永続的な分岐となります。旧バージョンでのルールが新バージョンで無効になってしまうので、この変更は慎重に行う必要があります。

4. 仕組みに関する用語　107

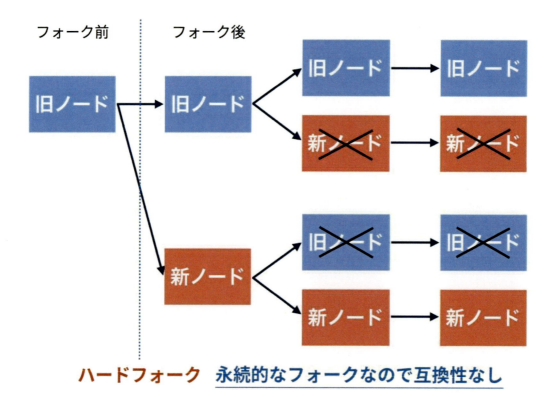

　基本的に分岐は開発コミュニティーを中心として該当ブロックチェーンの問題解決を目指すために行われますが、コミュニティー内で分裂が起こることでもハードフォークが実行されます。ビットコインやイーサリアムでそのような動きが実際に起こっており、旧バージョンのブロックチェーンを利用した仮想通貨とは別の仮想通貨を作る、すなわち2つの通貨に分裂する現象が起こります。
　旧バージョンから新バージョンに移行することで以前のバージョンとは互換性がなくなり、これは仮想通貨では以前までの残高を共有することができなくなることを意味するので、分岐後にどちらのブロックチェーンを使用していくのかという選択を全利用者はしなくてはなりません。

ソフトフォーク

　ソフトフォークとは、旧バージョンのルールをより厳密なものに変更する（有効だったものを無効化する）、またはルールを新たに追加する（無効だったものを有効化する）ことによって発生するブロックチェーンの分岐のことです。
　ハードフォークの大きな違いとして、ソフトフォークでは新たなルールにより生成された新バージョンのブロックは旧バージョンでも有効なブロックとなることから、それは一時的なフォークであるということです。従って過半数のマイナーと検証ノードが新しいルールを採用するならば、いずれ新しいルールのブロックチェーンへと収束します。一方で、もし旧バージョンルールを再び採用するという逆のことが起きれば旧バージョンのルールへと戻る可能性もあります。すなわちソフトフォークは将来に対して互換性があるということです。

ソフトフォークは、ハードフォークとは異なり永続的な分岐ではないことから、ハードフォークより大きな影響はないとして、例えばビットコインでも過去に何回か実施されています。

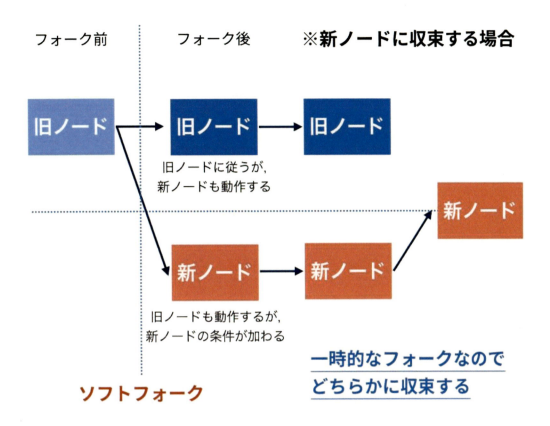

ハードフォーク事例

イーサリアム

　イーサリアムは2016年ハードフォークを行い、イーサリアム（Ethereum：ETH）とイーサリアムクラシック（Ethereum Classic：ETC）に分岐しました。このハードフォークの原因はThe DAOと呼ばれるハッキング事件です。

　The DAOとは、ドイツ企業のSlock.itが中心となり始動したファンドのプラットフォームです。巨額の出資を集め注目されていましたが、スマートコントラクトのプログラムの不備をつかれ、当時の価格で数十億円相当の資金が流出するという大きな事件も起きてしまいました。このとき、The DAOの救済措置として、2016年7月にハードフォークが敢行されています。

　現行のイーサリアムは、ハードフォークをしてブロックサイズを大きくしており、多数派で規模も大きくなっています。一方でこの時にハードフォークをしなかったのがイーサリアムクラシックであり、拡張性を制限し、安定性やセキュリティを重視しています。少数派で規模が小さいが、現行のイーサリアムに比べ、より非中央集権型となっています。

　イーサリアムはThe DAOによるハードフォークの後にも、DDoS攻撃を受けてハードフォークを

4. 仕組みに関する用語　｜　109

繰り返しており、ハードフォークを何度も実行したブロックチェーンとなりました。

画　像：Ethereum（https://www.ethereum.org/）　Ethereum　Classic（https://ethereumclassic.github.io/）

ビットコイン

　ビットコインでは過去にハードフォークしたことはありませんが、現在その懸念が高まっています。ビットコインのコミュニティではここ数年スケーラビリティ問題が取り上げられており、この問題によって幾つかの仕様が提唱されており、これが複数の仕様変更がバラバラに実施されることにより分離するとの懸念が高まっています。

　2017年3月にはビットコイン取引所18社が連名で共同声明を発表しており、ビットコインの分裂が起こった場合には現在の本流であるビットコイン・コアをビットコイン（BTC,XBT）と認めると宣言しています。取引所にとっては、イーサリアムのように通貨が分裂することによる混乱は避けたいでしょう。この問題に関しては今後も注目が必要です。

ソフトフォーク事例

Pay to script hash（P2SH）

　ビットコインにおいて、Pay to script hash（P2SH）によるトランザクションは、ソフトフォークによって実現されました。当時P2SHは賛否両論でしたが、現在では完全に定着しています。

　P2SHとはビットコイントランザクションスクリプトです。ビットコインを送金する際に、相手の公開鍵のハッシュ値を使用するP2PKH（Pay to Public Key Hash）に対して、P2SHではスクリプトのハッシュ値を利用します。P2SHアドレスに対してビットコインを送金する時には、送金者は通常の送金と同じように3から始まるP2SHアドレスに対して送金できます。受け取り側はビットコインを消費するために何人かのデジタル署名が必要になることから、特にマルチシグネチャに使わ

れます。

Segwit

　Segwitなどもソフトフォークの一例です。Segwitとはビットコインに含まれている署名データを分離して別の領域に格納することで、ブロックサイズの上昇やトランザクション展性の解決といったビットコインブロックチェーンの問題を解決する方法です。

　Segwitでは、旧バージョンのルールは無効にはならず、動作に影響がないようにブロックからWitness（署名）領域を分離させるという新ルールを追加していることから、ソフトフォークに当たります。

　ブロックチェーンの仕様を大きく変更するために利用されるハードフォーク・ソフトフォークは、ブロックチェーンにおいて大きな出来事となるターニングポイントです。ブロックチェーンの歴史を学ぶ上では避けて通れない概念であり、今後も幾度とフォークに関する話題は登場することからも、よく理解しておきましょう。

4.14 User Activated Soft-Fork：UASF

User Activated Soft Fork（UASF）はソフトフォークの1種です。

Miner Activated Soft Fork(MASF) とは

　User Activated Soft Forkの前に、その対義語に当たるMiner Activated Soft Fork（MASF）について説明します。これは文字通り、「マイナー主導によるソフトフォーク」を指しています。

　例えばSegwitなどのソフトフォークにおいては、マイナーがSegwitという規格を採用し、賛同しているマイナーのハッシュレートが全体の95％に到達した時点で合意が形成され、その後約2週間経過後、ソフトフォークが実行される方式が採られています。

　マイナーやその他のネットワークが準備できていないうちにソフトフォークが起きると、チェーンが長期的に分岐してしまう可能性があります。この可能性を排除するために、95％という高い数字が設けられています。このため、MASFはフォークの危険性が少なく、安全かつ確実なソフトフォークの方法です。

　MASFはどれだけ多くのマイナーが賛同するかどうかで決まるので、権力の一極集中を避けた平等な実装方法に見えます。しかしここ近年のビットコインにおいては、利害関係や政治論争といった要素が加わってしまっています。従って、本来のブロックチェーンをより良くするという目的から離れて論争が起こってしまっており、このような事態を避けるためにユーザー主導でソフトフォークを行いたいという考えから、UASFが提起されるようになります。

User Activated Soft Fork とは

　UASFは文字通り「ユーザー主導によるソフトフォーク」です。マイナーの多数決による支持がなくても、実行することができるソフトフォークです。UASFで優先されるのはマイナーのハッシュレートではなく、該当ブロックチェーンを利用しているユーザーの賛同率です。前述したよう

にMASFでは、マイナーの政治的事情などによってブロックチェーンの適切な改善案に対する支持が集まらないといった事態が生じてしまいます。そのような懸念点に対処するために、ユーザーが結束してマイナーに対して圧力をかけることで強制的に改善案に賛同させて、ソフトフォークを実施することとなります。

ここでユーザーと言っていますが、実質的にはウォレットや取引所だけを利用している一般的なユーザーについては、直接どのフォークに賛同するかを決めることが出来ません。それは、自らブロックチェーンに対し、直接賛同票を投じる事ができないからです。代わりに、使用しているサービスがどのフォークを支持するかで選択することになります。よって、利用している取引所やウォレットの運営母体が対象となるフォークに関してどのような声明を出しているのか理解し、それを踏まえた上でサービスを利用しなければなりません。

また、過去のソフトフォークでは、例えば一般的にマルチシグと呼ばれている Pay to Script Hash（P2SH）は UASF によって発動されました。一方で OP_CSV といった最近のソフトフォークは、より安全性の高いマイナー主導による MASF で行われています。

UASFのメリット・デメリット

フォークの実施日を決める方法には2つあります。1つは、あらかじめ決められている賛同率に達した後、規定ブロック数（例：2016 ブロック ≒ 2週間程度）経過後実施する方法です。もう1つは、期日（Flag Date）を予め指定する方法です。UASF の大きなメリットは、期日（Flag Date）を設定することで、対象のソフトフォークをアクティベートできる可能性が上げることができることです。ブロックチェーンのフォークは重要な議論なので、論争によっては状況が大きく改善されずに膠着状態に陥る可能性もあります。こういった場合に、UASF によって現状を動かすことができます。

一方で UASF にはデメリットも存在し、それは永続的なフォークが起きる可能性があることです。多くのマイナーがソフトフォーク前のブロックをマイニングし続けてそれが多数派になった場合はフォークが発生してしまいます。従って UASF はハードフォークと同等の危険があるとの声も存在します。

ユーザーが主導して行うソフトフォークである UASF。多くの人はマイニングをしていないためにプロトコルや仕様に関してはあまり関心がなかった人もいるかもしれませんが、UASF は私達ユーザーの関わりが重要になってくるソフトフォークです。是非この機会に UASF を理解してみましょう。

4.15 署名・マルチシグ

ブロックチェーン技術を含めてIT技術の多くにおいて、ドキュメントやデータの発行者の確認は、非常に重要な要素です。多くの場合、発行者の確認は「電子署名」技術によって実現されています。ブロックチェーンにおいても、この技術を活用して、仮想通貨の送金・受金処理がされています。今回はこの電子署名について、そして複数の署名によって送金・受金時の確認を行える「マルチシグ」という技術について紹介します。

公開鍵・秘密鍵

　まず電子署名に関して紹介する前に、秘密鍵と公開鍵について知っておく必要があります。秘密鍵は本人しか知り得ない鍵、公開鍵は秘密鍵と対になる第三者にも公開してよい鍵です。データに暗号をかける時、解く時にこの対を使用します。（詳細はこちらを参照して下さい）この公開鍵暗号の仕組みを応用することで「電子署名」をすることができます。

電子署名とは

　電子署名は暗号化技術を使った、データや書類の発行者を確認できる仕組みです。受信者があらかじめ知っているデータを、送信者が秘密鍵を使って暗号化して送ります。受信者は公開鍵を使って受け取ったデータの暗号を解き、その結果があらかじめ知っていたデータと一致すれば、その署名は有効であり、たしかにこの送信者から送られたと確認することができる仕組みです。

　ブロックチェーンにおいては、送金時など、取引やデータにおいてこの電子署名を使って送信者の確認を行います。不正な送金を行おうとしても、送金者自身以外に署名することができないため、本人以外の送金が成立しない仕組みになっています。

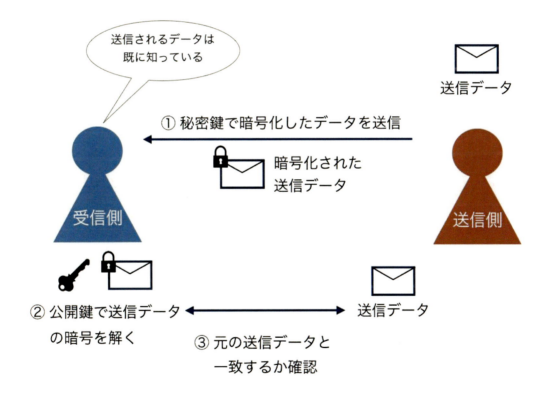

マルチシグネチャー(マルチシグ)とは

　ビットコインにおけるブロックチェーンでは、電子署名を応用して、マルチシグネチャー（マルチ

シグ）と呼ばれる、複数の署名を利用して、複数の合意が得られないと処理を進められないといった仕組みがあります。

マルチシグを簡単に説明すると、ビットコインの秘密鍵が複数に分割されており、送金を行うには一定数以上の鍵を合わせる必要がある署名です。マルチシグにおいて、必要な署名の数は「2/3」といった形で表されます。この場合「3つの秘密鍵の内、2つの鍵での署名が必要」という意味になります。

ビットコインでは、コインのアドレスをマルチシグを使って生成できます。マルチシグを使用したアドレスではコインの移動には複数の鍵が必要となります。仮に秘密鍵の保存された端末がハックされて秘密鍵のうち1つが流出したとしても、もう1つの秘密鍵も盗まない限りコインを盗むことはできません。そこで、秘密鍵を分散して管理することで、攻撃者は別々の場所に保存されている秘密鍵を盗みに行かねばならず、同時に2つの場所に侵入することは非常に困難であることから、強度の高い盗難対策になると言われています。

マルチシグのアドレスはその高いセキュリティ面から、一部の仮想通貨交換所、ウォレットアプリで使用されています。

マルチシグの応用例

マルチシグを利用した例として、一時的にブロックチェーン上に資金を預けておく「エスクロー」に利用される事例が挙げられます。エスクローとは、取引において買い手と売り手の間にエスクローエージェントと呼ばれる第三者が介在し、代金と商品の安全な交換を保証するサービスです。マルチシグエスクローを使うことで、仲介者の介入が最低限になると同時に、素性がわからない人とでも安全に取引できます。

この仕組みを利用した代表的なプロジェクトとしてOpen Bazaarが挙げられます。OpenBazaarはユーザー同士がビットコインで自由に商品を売買できる分散型P2Pフリマプラットフォームです。OpenBazaarと既存のフリマサービスの違いは「分散型」という点にあり、売買手数料やサービス利用料が発生しないこと、さらにはサービス提供者による規制がありません。

OpenBazaarのソフトウェアはオープンソースで、サービスを提供する中央集権的なサーバーはなく、ユーザーはOpenBazaarネットワークのノード兼ブラウザを利用して商品を売買します。OpenBazaarの根幹であるP2Pネットワークは、Kademlia（カデムリア）と呼ばれる分散ハッシュテーブルを応用し構築されています。

OpenBazaarではプラットフォーム内でブロックチェーンを活用しているというよりも、ビットコインでの支払いに際して、買い手から売り手への直接支払いに加え、代金と商品を安全に交換するためにマルチシグエスクローアドレスを用いた取引オプションが用意されています。

電子署名はブロックチェーンにおいて必要不可欠な技術であり、そしてマルチシグはブロックチェーンにおいてその新たな可能性を引き出す技術です。また将来的には、既存の紙媒体の署名も、電子署名やマルチシグに取って代わられる可能性も十分にあり、知らずのうちに日常的に署名のプラットフォームとしてブロックチェーンが使われている社会が来るかもしれません。

4.16 シュノア署名

ビットコインの改善プロセスBIPに、現行の署名方式ECDSAの代替案となる「シュノア署名」が提案されました。ビットコインネットワークのセキュリティーを高め、効率をよくし、プライバシーも強化すると期待を集めるシュノア署名について解説します。

ビットコインと署名技術

ビットコインをはじめとする多くの仮想通貨やそのブロックチェーンでは、公開鍵暗号による署名技術が使われています。シュノア署名という特定の署名技術について説明する前に、ビットコインでどのように署名技術が使われているのか概要を見てみましょう。

ビットコインのアドレスを作るには、まずペアとなる秘密鍵と公開鍵を生成し、公開鍵からアドレスを作成します。トランザクションを作成する場合、送金情報に秘密鍵で署名し、ビットコインのネットワークに署名済みの送金情報をブロードキャストします。送金情報は公開鍵で検証され、検証結果が正しければ有効なトランザクションとみなされます。

「トランザクションを作成しているのは間違いなく自分である」ことを、他者の知らない秘密鍵を使ってサイン（signature、署名）し、正しいものであると主張するわけです。署名が確かに署名者のものであることは誰もが公開鍵を使って検証できます。偽の秘密鍵で署名された送金情報は公開鍵による検証が失敗し、正しいものとみなされません（※1.4 秘密鍵・公開鍵を参考にしてください）。

ビットコインでは楕円曲線電子署名アルゴリズム（ECDSA、Elliptic Curve Digital Signature Algorithm）が署名に使われていますが、これに代わるものとして2018年7月にBIPに提案されたのがシュノア署名です。

BIPへの提案の経緯

シュノア署名は、ドイツの数学者であり暗号学者のClaus-Peter Schnorr（クラウス-ペーター・シュノア）博士が発案した署名方式です。オリジナルの論文は1990年に発表され、学術出版で有名なシュプリンガー社のウェブサイトで公開されています。

・Claus P. Schnorr – (https://en.wikipedia.org/wiki/Claus_P._Schnorr)

・Efficient Identification and Signatures for Smart Cards | SpringerLink (https://link.springer.com/content/pdf/10.1007%2F0-387-34805-0_22.pdf)

シュノア署名は効率がよく安全な署名方式と考えられてきましたが、ビットコインではECDSAからシュノア署名に署名方式が変更されることはありませんでした。これはシュノア署名への変更にはハードフォークが必要だったためです。この状況は2017年8月に有効化されたSegwitによって大きく変わります。Segwitが最終テストに入った2016年春に、シュノア署名に期待する記事がビットコイン Magazineに掲載されています。
(https://bitcoinmagazine.com/articles/the-power-of-schnorr-the-signature-algorithm-to-increase-bitcoin-s-scale-and-privacy-1460642496/)

SegwitとはSegregated Witnessの略称で「署名の分離」を意味し、その名前の通り、トランザクション本体から署名を分離し、Witnessと呼ばれる別の領域に格納するものです。

画像： Segwitによるデータ構造の変更

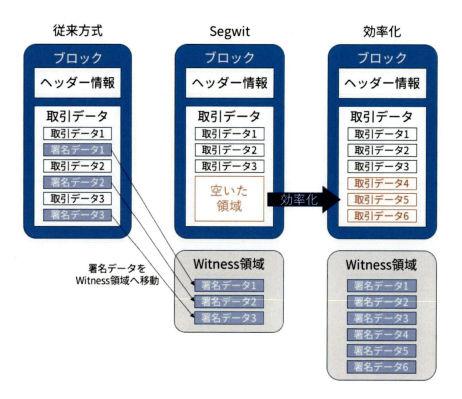

　Witnessに対してはハードフォークではなくソフトフォークで新しいルールを適用できるため、Segwitが有効化されたことでシュノア署名をソフトフォークで導入できるようになり、シュノア署名導入の障壁が大きく下がりました。

　Segwitの有効化から半年ほどたった2018年1月、ブロックチェーン技術に関する開発を行うBlockstreamとフランスの認証機関ANSSIの開発者がシュノア署名をベースにしたマルチシグの方式MuSigに関する論文「Simple Schnorr Multi-Signatures with Applications to ビットコイン」を発表し、7月には、同論文の共著者でBlockstream共同創業者のPieter Wuille氏がBIPにシュノア署名の利用を提案しました。

- "Simple Schnorr Multi-Signatures with Applications to ビットコイン" Gregory Maxwell, Andrew Poelstra, Yannick Seurin, and Pieter Wuille（https://eprint.iacr.org/2018/068.pdf）（2018年5月20日 改訂版）
- Pieter Wuille氏による提案
  （https://github.com/sipa/bips/blob/bip-schnorr/bip-schnorr.mediawiki）

ただし、Wuille氏の提案はあくまで個人のGitHubリポジトリにコミットされたもので、2018年11月現在、まだBIPで正式に議論されているものではありません。

シュノア署名とは

　シュノア署名とはどのような署名方式なのでしょうか。秘密鍵と元のメッセージから誰もが公開鍵で検証できる署名済みデータを作成する点、公開鍵や署名から秘密鍵を推測するのが極度に難しい点は現行のECDSAと同様です。ただし、数学的な処理の特性から、シュノア署名には「セキュリティーの証明がある」「ECDSAの持つ展性という脆弱性を排除できる」「線型性により効率よく署名を処理できる」という特徴があります。また、ECDSAでも実現は可能なもののシュノア署名でよりシンプルに実現できる応用があり、これらはビットコインのプライバシーの強化に貢献します。

　前出のPieter Wuille氏によるBIPへの提案をもとに、セキュリティー、効率的な署名処理、ビットコインのプライバシーを高める応用という3つの観点からシュノア署名を説明します。

高いセキュリティー

　シュノア署名はECDLP（楕円線離散対数問題）の困難さを前提としてランダムオラクルモデルで証明できますが、現在ビットコインで使われているECDSAにはこのような証明がありません。また、ビットコインには秘密鍵を知らない第三者がトランザクションを改ざんできる展性と呼ばれる脆弱性があり、この一部はECDSAに起因するもので、BIP62やBIP66で議論されています。署名の検証方法を変更するといった方策も考えられますが、シュノア署名にはおそらく展性はないだろうとされ、署名方式をECDSAからシュノア署名に変更することで展性の排除に貢献します。

効率的な署名処理

　シュノア署名を導入すると、特定のケースでECDSAに比べ署名済みデータのサイズを小さく保つことができます。ECDSAでは、トランザクションにおいて受取先が同じでも、送金元それぞれで署名をする必要がありますが、シュノア署名にはlinearity（線型性）と呼ばれる性質があり、複数の送金元が同一の受取先に送金する場合、送金元が共同でデータに署名でき、署名済みのデータは送金元の公開鍵の和で検証可能です。

ビットコインのプライバシーを高める応用

　シュノア署名のアプリケーションとしては、マルチシグだけでなく、n人中のk人による署名といった閾値付きの署名、アトミックスワップで署名鍵を橋渡しするアダプター署名、署名対象の作成者と署名者が異なるブラインド署名が可能になることが提案の中で説明されています。これらの応用にはビットコインのプライバシーを強化する効果も期待できます。

　このように導入するメリットの多いシュノア署名ですが、デメリットはあるのでしょうか？前出のGitHubに投稿された提案の中でWuille氏は「デメリットはほとんどない（標準化されていないことをのぞいて）」としています。

　BIPに提案された仕様や数学的な詳細は前出のSchnorr博士によるオリジナルの論文（https:

//link.springer.com/content/pdf/10.1007%2F0-387-34805-0_22.pdf)、ビットコインへの応用について書かれた論文（https://eprint.iacr.org/2018/068.pdf）、Wuille氏のリポジトリのBIPへの提案を参照してください。（https://github.com/sipa/bips/blob/bip-schnorr/bip-schnorr.mediawiki）

　ビットコインでシュノア署名が導入されると、ネットワークがより効率的かつ安全になり、トランザクションのプライバシーが強化され、その上導入のデメリットはない……となるとよいことずくめと思われます。しかし、それは「導入されて利用が広がれば」の話です。Segwitが有効化され、シュノア署名をソフトフォークで導入できるようになったものの、利用が広がるまでの道のりは長いでしょう。

　今後Wuille氏の提案がBIPに取り入れられ、本格的に議論が進んでいくことが期待されます。仕様が確定した後も、有効化の審判にさらされ、さらにウォレットや取引所、ユーザーなど多くのステークホルダーがシュノア署名に対応し、利用が広がる必要があります。

　ソフトフォークで導入されたSegwitについて見てみると普及の難しさがわかります。2017年8月の有効化をきっかけに取引所やウォレットがSegwitに対応し始めましたが、ビットコインに関する統計情報を扱うOXTのチャートによると、2018年11月現在、ビットコインのSegwitトランザクションの割合はトランザクション全体の40%弱とまだ道半ばです。

　導入のメリットが大きく、期待の集まるシュノア署名が今後どのように議論され、ネットワークに受け入れられることになるのか、必ずしも技術論だけでは話が進まないビットコインのネットワークの決定に注目したいところです。

4.17 ライトニングネットワーク

　ビットコインという仮想通貨は、中央管理者がいないにもかかわらず、個人間の送金を可能にしたシステムという点で革新的なサービスです。さらに、ビットコインは非常に少額な送金や決済を行うことができるように設計されています。このようなマイクロペイメント（小額決済）をもっと便利にする技術の一つとして「ライトニングネットワーク」というものがあります。

マイクロペイメントとは

　まずはマイクロペイメントについて簡単に触れておきます。マイクロペイメント（micropayment）という言葉は、microという単位は1000分の1を指すため、本来は1000分の1ドルの支払いを意味しているのですが、そのような少額単位の支払いを効率的に実現する支払いシステム全般を含めたものの総称として使われています。このような、マイクロペイメントは、ほんの小さな金額でも支払えることから、デジタルコンテンツ視聴や支払い、ネット上でのリワードといった少額の都度課金に利用することが想定されます。

　このマイクロペイメントはビットコインでも実現でき、1円以下の小額送金・少額決済を行うことは技術的には可能です。しかし、ビットコインを送金する際にかかるトランザクション手数料がネックになり、現実的には使えない状況にあります。従来の銀行経由の国際送金などに比べたら非常に少ない手数料で済むのですが、近年はビットコインの価格の高騰や、マイニングコストが徐々に上がり、トランザクション手数料が高騰し、マイクロペイメントのような少額の支払いと

なると、送金金額に対して相対的に手数料が高くなってしまいます。2019年4月から7月にかけてはトランザクションあたりの手数料はコンスタントに1ドル上回る水準となっているというデータ（参考：BitInfoCharts(https://bitinfocharts.com/comparison/bitcoin-transactionfees.html#3m)）もあります。これでは、マイクロペイメントを行っても、手数料のほうが高く付いてしまい意味をなしません。

　加えて、ビットコインはトランザクションの処理速度が高くないため、頻度の高い決済には向いていないという欠点もあります。

ペイメントチャンネルとは

　ライトニングネットワークを理解するためには、まずペイメントチャンネル及びマイクロペイメントについて知る必要があります。ペイメントチャンネルとは、ビットコインをブロックチェーン外であるオフチェーンにて速く且つ安く送信するためのサイドチェーンをつかった技術です。そのペイメントチャンネルに近い技術としてライトニングネットワークが挙げられます。

　しかし、ペイメントチャネルにもいくつかの欠点が存在します。その一つに、送金者・受取人のペアごとにそれぞれペイメントチャネルを開設しなければならないという点があります。チャネルを作るコスト自体は高くありませんが、支払いを行う人が何度もチャンネルを作ることは非常に手間であり、またトランザクション量という点でも、スケーラビリティという点でも問題を抱えることになってしまいます。

ライトニングネットワークの概要

　ペイメントチャンネルはその対象が個人間で完結するのに対し、ライトニングネットワークはペイメントチャンネルが多くのユーザー間で複雑にネットワーク化された状態を指します。

　つまり、上記のようにペイメントチャネルだと1対1のチャンネルしか開設できないという欠点がありますが、これを多対多でペイメントを行えるようにする技術が「ライトニングネットワーク」です。第三者を経由することでペイメントチャネルで繋がっている人であれば、誰にでも送金可能になります。この技術を利用することができれば、ビットコインのスケーラビリティの問題を解決しつつ、マイクロペイメントを実現できるとされています。

　このライトニングネットワークはBlockstreamが開発するサイドチェーンにおける技術でもあり、ビットコイン開発者コミュニティー全体で策定と実装が進んでいます。

4. 仕組みに関する用語 | 119

画像：Lightning Network（https://lightning.network/lightning-network-summary.pdf）

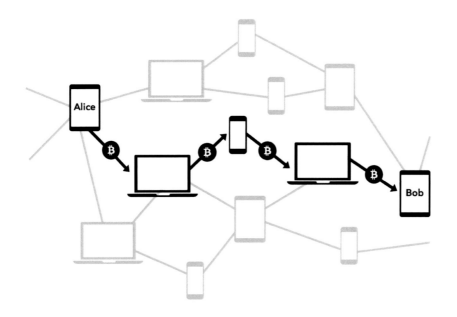

　少しだけ具体的な例で見てましょう。まずAliceがBobに支払いチャネルを作成し、Bob→Carol とCarol→Daveも同様にチャネルを作成している場合、AliceからDaveへの支払いはBob及びCarol 経由で行うことができるというものです。すなわち中継してくれる人を経由した支払いネットワークを利用することでビットコインを届けることが可能になります。また数satoshiといった超少額の支払いを何回行っても手数料はかからないという点がメリットとなります。

　すなわちライトニングネットワークは、ビットコインブロックチェーンを利用しつつも、直接ブロックチェーン上で毎回トランザクションを記録するのではなく、オフチェーンで大量のトランザクションを処理することのできる技術です。

　また従来のビットコインネットワークのように信頼を要する必要がなく、中継支払いが可能となります。この原理がHash Timelocked Contract（HTLC）と呼ばれる方法により実現可能とされています。HTLCは、トランザクション内にハッシュを入れておき、最終的な受取人（上記におけるDave）だけがこのキーを知っていることでロックを解除でき、ビットコインを利用できるという方法です。最後の受取人だけがキーを知っている一方で、途中の中継者（BobやCarol）はこのロック解除キーを知らないので、中継していたとしてもビットコインを勝手に持ち逃げすることはできません。

画像：Lightning Network（https://lightning.network/lightning-network.pdf）

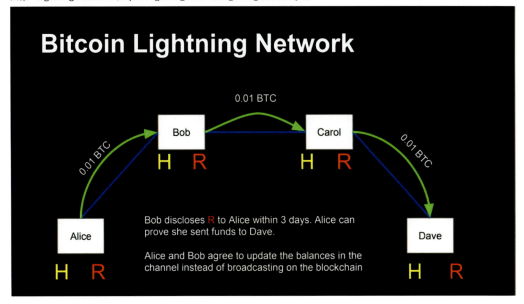

ライトニングネットワークのメリット・デメリット

　ライトニングネットワークの利点としては、やはりビットコイン送金で享受できるトラストレスな性質を維持できる点でしょう。また大部分のトランザクションが即時かつ格安の送金手数料でできるようになる可能性があるということも大きなメリットです。またマイクロペイメントチャネルと比較すると、様々な人にマイクロペイメントができます。またビットコインの外で、大半の送金の管理を行えるため、ビットコインのスケール問題への解決策の一つになりうる可能性があり、注目を集めています。

　一方で、処理が複雑であったり、監視する必要性があるといったデメリットも存在します。またライトニングネットワークでは中継者が必要であり、ネットワークにある程度のお金を常時デポジットしていないといけません。そうすると一定規模のデポジットを行って流動性や相互接続を確保するような中央集権的な管理者が表れてしまう危険性も存在します。

　ライトニングネットワークが実現すれば、超高頻度取引を少額で行えるようになり、新たなビジネスモデルが生まれてくる可能性も高いでしょう。もし世界中のサービスに低コストで少額支払いができるようになれば、どれほど便利かは想像できるかと思います。ライトニングネットワークが実現した世界が来るのが楽しみですね。

4.18 ハードウェアウォレット

秘密鍵の概要

　はじめにハードウェアウォレットについて紹介するにあたって重要な概念である秘密鍵について説明します。

ビットコインをはじめとする仮想通貨のネットワークでは公開鍵暗号とよばれる技術が利用され、仮想通貨の所有者のみが保有する仮想通貨を送金できる機能を実現しています。

ビットコインを例にとると、ビットコインの利用を開始するにあたって秘密鍵と公開鍵のペアを生成し、公開鍵をもとにビットコインの取引に用いるアドレスを生成します。ウォレットはこれらの鍵を作成し、管理します。ビットコインを送金する際には、ウォレットがユーザーの秘密鍵でトランザクションに署名し、ネットワークに送金リクエストを送ります。マイナーは送金者の公開鍵で署名を復号し、トランザクションを検証します。秘密鍵を所有し署名できるのは送金者だけなので、署名を復号した結果が正しければ送金者本人がその資金を送金したとみなすことができます。検証されたトランザクションはブロックチェーンに記載され、当該ビットコインの所有権が送金者から受金者に移転します。

このように秘密鍵はいわばブロックチェーン上の権利を管理するための鍵で、仮想通貨については秘密鍵を紛失してしまうと永遠に資金を利用できなくなるだけでなく、他者に盗まれてしまうと資金の盗難につながります。ウォレットの初期設定時に秘密鍵や秘密鍵から生成されるパスフレーズについて「安全な場所に大切に保管してください」といった警告がされるゆえんです。

ハードウェアウォレットとは

仮想通貨のウォレットには実世界で利用するお財布のようにそれ自体に仮想通貨が入っているわけではありません。保有する仮想通貨はあくまでアドレスに紐づくブロックチェーン上の記録で、ウォレットとよばれるソフトウェアやハードウェアは鍵を管理し記録を読み書きするためのインターフェイスを提供するものです。

仮想通貨のウォレットのひとつとしてハードウェアウォレットがあります。パソコンやスマートフォンにインストールして秘密鍵を管理するタイプのウォレットアプリとは異なり、専用のデバイスで秘密鍵を管理し、必要に応じてコンピュータに接続して利用します。代表的なものにチェコのSatoshiLabs社のTrezor（https://trezor.io/）やフランスのLedger社のLedger Wallet（https://www.ledgerwallet.com/）があります。

ハードウェアウォレット Trezor（https://trezor.io/start/）

専用のデバイスで鍵管理を行うハードウェアウォレットですが、人やコンピューターが外部から秘密鍵の文字列を参照することはできない仕様になっています。送金時には、パソコンに接続されたハードウェアウォレットがユーザーのリクエストによってトランザクションに署名し、ユーザーは連動するアプリなどからトランザクションを発行します。

ハードウェアウォレットには初期設定時にPINコードを設定するのが一般的で、利用時にはこのPINコードを入力し署名するといった操作が可能になります。破損や紛失に際しては初期設定時に書き留めるリカバリーフレーズで新しいハードウェアにウォレットを復元できます。

ハードウェアウォレットのメリットとデメリット

　スマホやブラウザで使えるウォレットアプリやウェブウォレットは利用するにあたって敷居が低く、仮想通貨のやりとりも容易ですが、オンラインの環境にあるこれらウォレットは常にハッキングの危険にさらされているともいえます。これに対してハードウェアウォレットは基本的にオフラインの環境で秘密鍵を管理するもので、コンピューターに接続して利用する際にもユーザーの指定するトランザクションに対する署名を提供するのみで、ウォレットアプリやウェブウォレットと比べて安全性が高いとされています。

　独特の使い勝手に加えて、購入費用が決して安くないなど、導入の敷居が高いことは否めず、販売や配送の過程でハードウェアウォレットに細工がされないとは言い切れません。また、最近ではLedger社のハードウェアウォレットで受け取りアドレスが置き換えられるという脆弱性が発見されました。

Newly Discovered Vulnerability In All Ledger Hardware Wallets Puts User Funds At Risk – CoinTelegraph

(https://cointelegraph.com/news/newly-discovered-vulnerability-in-all-ledger-hardware-wallets-puts-user-funds-at-risk)

　メリットとデメリット、資金の用途や保管する金額などを考慮しながらハードウェアウォレットを検討する必要がありそうです。

MyEtherWalletでも使える

　ハードウェアウォレットのTREZOR、Ledger Wallet、Digital Bitboxは専用ソフトウェアのほか、EthereumとERC20トークン対応のウォレットインターフェースMyEtherWalletと連動させて利用することもできます。

　ハードウェアウォレットの利用はMyEtherWalletも推奨する方法で、鍵情報が記載されたファイルを無意識にPC内の危険な場所に保存してしまうといったミスを防止できます。

　MyEtherWallet上ではハードウェアウォレットが管理するアカウントの残高を参照できるほか、MyEtherWallet上で作成した送金トランザクションにハードウェアウォレットで署名し、送金処理を実行できます。送金に際してハードウェアウォレットはあくまでトランザクションに署名するのみで、秘密鍵そのものはMyEtherWalletやブラウザには渡りません。

　TREZOR、Ledger Wallet、Digital BitboxとMyEtherWalletをMyEtherWalletと連動させて利用する方法については、各社の解説が参考になります。

・TREZOR Integration with MyEtherWallet – TREZOR Blog（https://blog.trezor.io/trezor-integration-with-myetherwallet-3e217a652e08#.n5fddxmdg）

・How to use MyEtherWallet with Ledger – Ledger (https://support.ledgerwallet.com/hc/en-us/articles/115005200009-How-to-use-MyEtherWallet-with-Ledger)

・Digital Bitbox | Ethereum （https://digitalbitbox.com/ethereum）

5. 規格に関する用語

5.1 BIP

BIPの概要

BIPとは？

　BIPとは、「Bitcoin Improvement Proposals」の略であり、直訳すると「ビットコインの改善提案」です。ビットコインシステムを改善するために提出される草案を総称してBIPと呼びます。ビットコインにおける事実上の標準として機能する仕様も含まれており、インターネットにおけるRFC（Request For Comments）と同様の位置付けと言えるでしょう。

　BIPを作成しているのはビットコインコア開発者などのビットコインコミュニティーメンバーです。現在、ビットコインのコア開発においては、まずシステム変更などに関する議論はメーリングリストなどを通じて行われます。そこで提案が良いと判断された場合、BIPで定められたフォーマットのドキュメントが作成され、GitHub上でソースコードとともに議論が行われます。このプロセスでは、提案されたコードが実際に問題なく動くかを確かめ、大まかなコンセンサスを得るために参照実装が行われます。

　実際にBIPが承認・利用されるにはビットコインコア開発者によってコンセンサスが得られ、さらに高い割合での多数決による賛成多数となることが求められます。このように、ビットコインはシステムそのものだけでなく、「システムの設計」に関しても分散型となっており、攻撃者やシステム障害に対して柔軟に対応できるというメリットが存在します。しかしビットコインは中央集権的なシステムではないことから、自由度の高さのトレードオフとして、ビットコインシステムの改善に必要なプロセスが多く時間がかかってしまい、その意思決定の困難さは問題のひとつとして挙げられています。

BIPの種類

　BIP○○○といった後ろの数字の部分はビットコインシステム改善提案の番号を表しており、その番号がどのような提案を指しているものなのかが一目でわかるようになっています。中には提案だけでなく、システムの決まり事を表しているものもあります。現在までに100個以上のBIPが提案されています。

　現時点でBIPのタイプは「Standards（標準）」「Informational（情報）」「Process（プロセス）」の3種類に分かれています。Standardsはネットワーク・プロトコルやブロックサイズ、トランザクション承認方法といったデータのやり取りの変更に関するBIPです。Informationalはシステムのデザイン設計やガイドラインに関してあり、新たな変更を提案しているものではなく、コミュニティーによるコンセンサスは必要ありません。ProcessはBIPに関するプロセスの変更を説明・提案するものであり、ビットコインプロトコルの外側に関するものです。Standardsが6～7割・Informationalが3～4割・Processが少数といった割合で存在しています。

画像：Bitcoin Improvement Proposals（https://GitHub.com/bitcoin/bips）

Number	Layer	Title	Owner	Type	Status
1		BIP Purpose and Guidelines	Amir Taaki	Process	Replaced
2		BIP process, revised	Luke Dashjr	Process	Active
8		Version bits with guaranteed lock-in	Shaolin Fry	Informational	Draft
9		Version bits with timeout and delay	Pieter Wuille, Peter Todd, Greg Maxwell, Rusty Russell	Informational	Final
10	Applications	Multi-Sig Transaction Distribution	Alan Reiner	Informational	Withdrawn
11	Applications	M-of-N Standard Transactions	Gavin Andresen	Standard	Final
12	Consensus (soft fork)	OP_EVAL	Gavin Andresen	Standard	Withdrawn
13	Applications	Address Format for pay-to-script-hash	Gavin Andresen	Standard	Final
14	Peer Services	Protocol Version and User Agent	Amir Taaki, Patrick Strateman	Standard	Final
15	Applications	Aliases	Amir Taaki	Standard	Deferred
16	Consensus (soft fork)	Pay to Script Hash	Gavin Andresen	Standard	Final
	Consensus				

　しかしビットコインコアは、この3種類を再構築し細分化するという計画も持っています。プロトコルやアプリケーションなど、複数レベルの提案を効率的にレビューできる環境を作ることで、多くの開発者が参加している開発プロセスを改善することを目的にしています。

BIPのワークフロー

　実際のBIPに関するワークフローは以下のようになっています。この図自体は、BIP001において記述されており、GitHub上にアップされています。

画像：Bitcoin Improvement Proposals / bip-0001｜GitHub（https://GitHub.com/bitcoin/bips/blob/master/bip-0001/process.png）

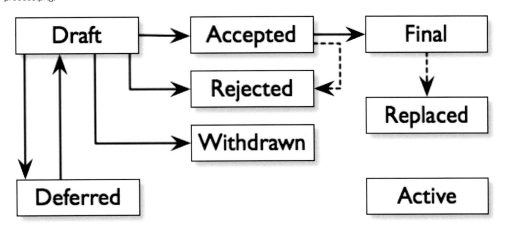

現時点で半分程度がDraft状態であり、コア開発者がGitHub上で議論している状態であると言えます。Draft状態から議論され、破棄されるものはRejectやWithdrawn状態に、良いとされたものはAcceptedされます。AcceptedされたBIPはやがてFinal、Replacedされ、実際にActiveとなることでそのBIPが採用され、変更されます。

主なBIP

BIP101

　BIPの数字は提案内容ごとにまとめられており、現時点でBIP100〜110はハードフォークに関する提案となっています。ソフトフォークに比べて、開発者によって厳しいレビューを受けています。
　BIP101では、ビットコインのブロックサイズの上限を緩和する提案がされています。ブロックサイズに関する提案は、ビットコインシステムにおいて非常に重要な変更なので、ハードフォークによって対応がなされます。ブロックサイズは現在1MBまでが最大容量ですが、2016年1月11日にブロックサイズ上限を8MBにし、その後約2年ごとに倍増させ、2022年に64MB、2036年までにブロックサイズ上限を8GBに引き上げる提案です。しかし、現状でもブロックサイズは変更されておらず、本BIPはWithdrawn状態となっています。

BIP102

　ビットコインコア開発者のJeff Garzik氏によって提案されたBIP102では同様にブロックサイズに関する提案であり、ブロックサイズの2MBまでの増加を提案しています。Bitcoinライブラリのbitcoinjを保守しているシャイルドバック氏によれば、Segwitと組み合わせることにより、この案では最大4〜8MB相当のブロックを効率的に提供することができると述べています。Segwitはブロックに入れるデータを効率化する仕組みで、1つのブロックにより多くのデータを入れられるため、1つのブロックに実質的に4〜8MB相当のデータが入ると言った仕組みになっています。本提案は現在Draft状態となっていてさまざまな議論がなされています。
　その他にもBIP103〜BIP109などはブロックサイズに関する提案となっており、多くがDraft状態

で提案・議論がされています。

BIP34

BIP34は「Block v2, Height in Coinbase」とタイトルが付けられており、ビットコインをバージョン1からバージョン2へバージョンアップする際の手順を示したBIPです。BIP34ではバージョン管理されたブロックやトランザクションのアップグレード方法を提案しています。新たに生成されたコインベーストランザクションやブロックにユニークな値が追加されると、バージョン2に更新しようというものです。

ビットコインのシステムや仕組みについても知識量を豊富にすることは正しい仮想通貨の理解に繋がります。本記事で紹介しきれなかった、まだまだ多くのBIPがあります。興味がある人は是非調べてみましょう。

5.2 ERC20

EIP20とERC20

EthereumにはEIP（Ethereum Improvement Proposal）と呼ばれるシステム改善提案の仕組みがあり、BitcoinのBIP（Bitcoin Improvement Proposal）と同様、システム改善の草案が提出され議論が行われます。Ethereumベースのトークンのインターフェース標準「ERC20」を提案したEIP20はFabian Vogelsteller氏とVitalik Buterin氏によって2015年11月に提出され、2017年9月に採用が決定しました。EIP20についてはGitHubのEIPのリポジトリで公開されています。

（https://github.com/ethereum/EIPs/blob/master/EIPS/eip-20-token-standard.md）

ERC20というトークンの標準が公式に確立されたことで、トークンの転送やトークンの情報を取得するといった処理を共通のインターフェースで扱えるようになりました。

なぜERC20が生まれたのか

Ethereumはビットコインコミュニティーの若きプログラマーVitalik Buterin氏が考案し、ブロックチェーン上でスマートコントラクトと呼ばれるプログラムを実行できるプラットフォームとして2015年7月に β 版がローンチされました。Ethereumプラットフォーム上には多くのアプリケーションがリリースされ、2017年9月にERC20が正式に採択される前から草案に基づくトークンが発行されてきました。背景には分散型取引所やウォレットの開発で統一されたインターフェースが求められたことや、利用者側のさまざまなトークンを一元管理したいといった事情がありました。

ERC20を使うメリット

少し技術的な内容になりますが、実際にERC20をコードとして見てみましょう。Ethereumコミュニティーによる The Ethereum Wiki にERC20を満たすように書かれたインターフェースコントラクトが掲載されています。EIP20のGitHubのページにリストアップされているERC20トークンに必須のメソッドやイベントの名前、引数、戻り値などをコードに見ることができます。

```
// ----------------------------------------------------------------------
// ERC Token Standard #20 Interface
// https://GitHub.com/ethereum/EIPs/blob/master/EIPS/eip-20.md
// ----------------------------------------------------------------------
contract ERC20Interface {
    function totalSupply() public view returns (uint);
    function balanceOf(address tokenOwner) public view returns (uint balance);
    function allowance(address tokenOwner, address spender) public view returns
(uint remaining);
    function transfer(address to, uint tokens) public returns (bool success);
    function approve(address spender, uint tokens) public returns (bool success);
    function transferFrom(address from, address to, uint tokens) public returns
(bool success);

    event Transfer(address indexed from, address indexed to, uint tokens);
    event Approval(address indexed tokenOwner, address indexed spender, uint
tokens);
}
```

ERC20 Token Standard – The Ethereum Wiki
(https://theethereum.wiki/w/index.php/ERC20_Token_Standard)

　ERC20トークンを提供する側は、このようなインターフェースの中身を実装することになります。ERC20トークンをプログラムで扱う側、たとえば分散型取引所やウォレットでは共通のインターフェースがあることでトークンごとに個別の処理を記述する必要がなく、どのERC20トークンに対しても転送であればtranferFromメソッドを使うといったように処理を共通化し、実装をシンプルにすることができます。トークンの保有者にはERC20に対応したウォレットでERC20トークンを一括して管理できるというメリットもあります。また、ICOではERC20トークンを発行することで、参加者のトークン管理の利便性を高め、ICOにおいてより多くの資金を調達することが期待できます。

　ERC20トークンやそれを扱うスマートコントラクトを開発する場合、OpenZeppelinというSolidityで書かれた安全性を重視したスマートコントラクトのオープンフレームワークを使うとよいでしょう。実装の手間を省くというだけでなく、独自のコードに起因する事故を防ぐという点でも有用です。OpenZeppelinでは、StandardTokenというスマートコントラクトとしてERC20の実装を提供していて、EIP20のページでも名前が挙がっています。

5. 規格に関する用語 | 129

画像：OpenZeppelinの監査サービスを利用した組織 (https://openzeppelin.org/)

代表的なERC20トークン

ERC20に準拠したトークンにはどのようなものがあるのでしょうか。Ethereumブロックチェーンに関する情報を提供するEtherscanによるとEthereumプラットフォーム上にはERC20に準拠したトークンが20000以上存在します。

画像：Ethereum上のトークン（https://etherscan.io/tokens）

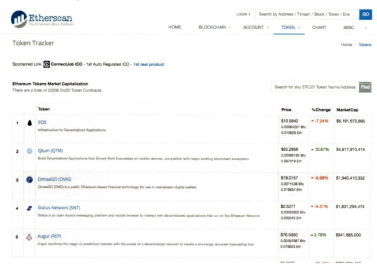

古くは2015年にクラウドセールをおこなった分散型予測市場のAugurのREPがERC20トークンを使用しています。2017年にICOで多額の資金を調達した分散型アプリケーションのインフラEOSや、スマートトークンと呼ばれる次世代仮想通貨のためのプロトコルを構築するBancorでもERC20トークンが発行されました。

ERC20の今後

日本の仮想通貨法には第一号仮想通貨、第二号仮想通貨の分類があり、前者は物品の購入などに際して不特定の者に使用できかつ不特定の者を相手として交換でき、後者は不特定の者を相手として第一号仮想通貨と交換できます。ひとつの解釈ですが、ERC20トークンは第一号仮想通貨であるイーサリアムのETHと交換可能な第二号仮想通貨に該当すると考えられます。仮想通貨は金融庁が

登録した仮想通貨交換業者しか扱うことができず、仮想通貨としてのERC20は仕組みとして有用なものの日本のトークン発行者が使いこなすのはまだ難しいのが現状です。

ただ、ブロックチェーンベースのサービスや仮想通貨が生まれ、トークンエコノミーが拡大する中で、ERC20というトークンの標準が確立されたことは大きな一歩と見ることができます。インターネットが形成されていく中でhttpといったプロトコルが確立され、REST APIによってサービス同士がつながり、多くのウェブサービスが立ち上がっていった流れと似ている部分も多く、技術の進展という観点では大きな期待をよせてよいと言えるでしょう。

今後ERC20がどのように標準として浸透していくのか、また、日本国内ではどのように解釈が進み利用が広がるのか動向を注視していきたいところです。

5.3 ERC223

ERC20とERC223

ERC20については問題も指摘されています。スマートコントラクトに対して所定の手続きを踏まずにトークンを送付すると、スマートコントラクトがトランザクションを認識できずにトークンが失われてしまいます。この問題を解決する新たなトークンの標準として、2017年3月にERC20に対して後方互換性がある「ERC223」が提案されました。ERC223は正式な標準として採択されていませんが、GitHubでERC223の仕様や議論が公開されています。

ERC223提案の動機について書かれたMotivationの部分では、失われたERC20トークンのデータが示されています。提案者によると、2017年12月時点でQTUMが$1,204,273相当、EOSが$1,015,131相当失われているといい、どちらも1億円以上にのぼります。これは氷山の一角でERC20トークン全体ではより大きな額になるでしょう。

ERC223はどのようにERC20を拡張して誤送付の問題をしようとしているのでしょうか。仕様をもとにERC223での拡張を具体的に見てみましょう。

ERC20の問題

前項で、ERC20トークンの場合「スマートコントラクトに対して所定の手続きを踏まずにトークンを送付すると、スマートコントラクトがトランザクションを認識できずにトークンが失われてしまう」と説明しました。スマートコントラクトは常にブロックチェーン上でトランザクションを監視しているわけでなく、外部から叩かれることでトランザクションが発生します。そこで、ERC20では所定の手続きとしてapprove関数とtransferFrom関数が用意されています。

この問題を説明する際によく引き合いに出される例として、分散型の取引所があります。分散型取引所でユーザーがERC20トークンをデポジットしたいとしましょう。この時、分散型取引所のスマートコントラクトに対してERC20トークンを単純に送付してしまうと、分散型取引所のコントラクトはこのトランザクションを認識できず、トークンが消失してしまいます。そこで、ユーザーはまず分散型取引所が自分のアドレスからデポジット金額分を引き出すことを承認（approve）して、分散型取引所でユーザーを送付元として指定したトランザクションを発生させなければなりません（transferFrom）。

このような手続きは直観的でない上ステップ数も多く煩雑です。ERC223ではこのapprove、transferFromの手続きをtransferに一本化し、誤送付でトークンが失われてしまう問題も解決しようとしています。

ERC223での拡張

ERC223にはふたつのtransfer関数が定義されています。ひとつはERC20との互換性を担保するためのもので、もうひとつはERC223で新しく定義されたものです。新しいtransfer関数のインターフェースは以下の通りです。

```
function transfer(address _to, uint _value. bytes _data) returns (bool)
```

挙動については、1番目の引数の_toで指定される送付先のアドレスがスマートコントラクトのアドレスの場合は、送付先のスマートコントラクトで定義されるtokenFallback関数を呼び出すこととしています。これによってスマートコントラクト側でトランザクションが認識されるようになるわけです。

tokenFallback関数には誤送付されたトークンの返却処理、先の分散型取引所の例であればデポジットするといった処理を記述します。送付先のコントラクトでtokenFallback関数が実装されていない場合は、トランザクションは失敗し、トークンの移転が起きてはいけないとされています。

このようにERC223では対コントラクトのトランザクションで、処理がtransferに一本化され、ステップ数が少なくなります。Ethereumはプログラムを実行したステップ数に応じて手数料であるGasが発生するため、コントラクトに対するトランザクションで手数料を低く抑えられることが期待されています。

ERC20の抱える問題点については以下の文書の解説が参考になります。

・https://docs.google.com/document/d/1Feh5sP6oQL1-1NHi-X1dbgT3ch2WdhbXRevDN681Jv4/edit

ERC223の今後

ERC223については現在議論中です。誤送付したトークンが返却されたり、副次的に手数料が低く抑えられたり、ERC20を改良するとてもよい仕様ではありますが、トークン発行側だけでなく、受け取るコントラクト側での実装も必要になり、鶏が先か卵が先かといった状況でもあります。

今後ERC223に基づくトークンやサービスが出てくるかどうかも、この新しい標準の普及と正式採択の鍵となるでしょう。また、ERC223を包含した新しい提案がなされることによって取り込まれる可能性もあります。今後も不便を解決していくトークンの標準は注目の技術動向であることは間違いありません。

5.4 ERC721

ERC20、ERC223、ERC721

ERC20やERC223は通貨として使うためのトークンの標準ですが、これらに続いて異なる方向

性の代替不可能なトークン（NFT: Non-fungible token、ノン ファンジブル トークン、以降NFT）の標準「ERC721」が2018年1月に提案されました。Ethereumのシステム改善提案の仕組みEIPでEIP721として議論され採択が決まりました。EthereumのウェブサイトとGitHubで仕様が公開されています。

ERC721が対象とするNFTとその用途

NFTについて説明する前に通貨の「代替可能性」（Fungibility、ファンジビリティー）という性質について説明します。

通貨では一般的に代替可能性が重視されます。代替可能性とは、どのコインも同様に受け入れられる価値を持つという性質です。どの1ETHも同じの価値を持ち交換できることが期待されます。当たり前のように聞こえますが、仮想通貨のように電子的な履歴を持つ通貨の場合、過去に犯罪に利用された通貨、盗まれた通貨など通貨に色がつき、受け取り手に拒否される可能性があります。より厳密に代替可能性を保証することを掲げてトランザクションを秘匿するZcashのような仮想通貨もあります。

それでは、代替不可能であるNFTとはどのようなトークンなのでしょうか。トークンというと何らかの仮想通貨を思い浮かべがちですが、2017年末に仮想通貨ブームとともに流行したEthereumベースの分散型ゲームCryptoKittiesの子猫のようなコレクタブル（collectable、収集品）をイメージするとわかりやすいでしょう。実際、CryptoKittiesは早期からERC721を採用した事例として有名です。CryptoKittiesの子猫の所有権はERC721のインターフェースを継承して実装されています。CryptoKittiesは、Ethereumネットワーク上で猫の見た目をしたトークンを集め、交配、交換するのを楽しむゲームと見ることができます。

画像：CryptoKitties（https://www.cryptokitties.co/）

このほかEIP721のページでは、ERC721の対象として、物理的な資産である家やアート作品、デジタルコレクタブルとしてユニークなカード、マイナスの価値を持つローンなどを挙げています。

どのようなERC721トークンが存在するのかについては、Ethereumネットワークに関する情報を提供するEtherscanのリストで見ることができます。ゲームに関するものが多いようですが、トークン名にlandとつくものもあり、土地に関するトークンも存在します。これは、Decentralandとい

う仮想世界の土地取引に使われるERC721トークンです。

ERC721の特徴

ERC721トークンは代替不可能であることを念頭において、ERC721のインターフェースを見てみましょう。ERC20同様、ERC721にもトークンを転送するtransferFrom関数がありますが、定義は少し異なります。

```
<ERC20>
function transferFrom(address from, address to, uint tokens) public returns (bool success);

<ERC721>
function transferFrom(address _from, address _to, uint256 _tokenId) external payable;
```

　ERC721では個々のトークンはユニークで代替不可能すなわち唯一無二あることから、トークンの量（_value）ではなく、トークンのID（_tokenId）を引数で指定し転送します。その他のtransfer系の関数、approve関数でも同様にトークンの量を指定するかわりにトークンのIDを指定します。
　ERC721特有の関数やデータを保持する仕組みも存在します。ownerOf関数はトークンのIDから所有者のアドレスを返します。

```
function ownerOf(uint256 _tokenId) external view returns (address);
```

　利用は任意ですが、ERC721Metadataでトークンのメタデータを扱うことができます。CryptoKittiesの子猫を例にとると、名前、詳細、見た目の画像URLなどがメタデータにあたります。メタデータは外部サーバーに保存することが想定され、ERC721Metadataの中ではERC721 Metadata JSON形式のメタデータを返すURIを保持します。

```
interface ERC721Metadata {
function name() external view returns (string _name);
function symbol() external view returns (string _symbol);
function tokenURI(uint256 _tokenId) external view returns (string);
}
```

　このメタデータを外部に保持する仕様には問題もあります。分散型アプリの「アプリは運営を必要とせず永遠に動き続ける」という性質を担保しなくなり、たとえば外部に保存されているコレクタブルの見た目となる画像データが失われてしまうと、価値が失われてしまう可能性があるからです。
　ERC721ではトークンを取り扱うウォレットなどのアプリケーション側で実装するERC721TokenReceiverインターフェースも定義されています。

```
interface ERC721TokenReciever |
function onERC721Received(address _operator, address _from, uint256 _tokenId, byte _data) external
returns(byte4);
|
```

Safe transferと呼ばれる安全なトークンの転送を受けつけるアプリケーションの場合、アプリケーション側ではERC721トークンが転送された際に呼び出すonERC721Received関数を実装しなければなりません。これはERC223で、ERC20の送金失敗の問題を解決するために受け取り側のスマートコントラクトにtokenFallback関数の実装を求めている点と類似しています。

ERC721トークンやそれを扱うスマートコントラクトを開発する場合、ERC20同様、OpenZeppelinというSolidityで書かれたスマートコントラクトのオープンフレームワークを使うとよいでしょう。実装の手間を省けるだけでなく、独自のコードに起因する事故を防ぐという点でも有用です。

ERC721の今後

仮想通貨が広まり利用が進む中、標準の必要性が認識され、ERC20にはじまり、ERC223、ERC721と新たな標準が出て来ています。これはコンピューターやインターネットの普及期にさまざまなソフトウェア、ハードウェア、ネットワークのプロトコルや規格が提案され、標準化されてきた流れを思い起こさせます。

NFTの標準として提案されたERC721は、草案の段階からCryptoKittiesをはじめとするコレクタブルを扱うゲームがアプリケーションとしてリリースされてきました。ERC721は部分的にERC20の仕様を取り入れ、トークンの誤送付に対応する点ではERC223との共通点もあります。

今後、関連するトークンの標準とともに、ゲーム以外の分野も含めどのようにERC721の利用が進むのか注目したいところです。

6. 機能に関する用語

6.1 エスクロー

　エスクローとは、取引において買い手と売り手の間にエスクローエージェントと呼ばれる第三者が介在し、代金と商品の安全な交換を保証するサービスです。ここではエスクローについて解説し、ブロックチェーンでどう実現できるのか、その応用もあわせて解説します。

エスクローとは

　実店舗で日用品を購入するような場合、支払いと商品の受け取りはほぼ同時に行われるため、買い手側が商品を受け取れない、売り手側が代金を受け取れないといったトラブルが発生することは稀です。

　エスクローの身近な利用シーンとして、インターネット上での取引があります。インターネットオークションやフリマアプリ、クラウドソーシングサイトでエスクローを利用したことがあるという方もいるかもしれません。

　エスクローの流れについて、ステップを追って確認しましょう。買い手は注文した商品の代金をエスクローエージェントに預けます。エスクローエージェントは入金を確認し、売り手に代金を預かったことを通知します。売り手は買い手に商品を届け、買い手は商品を受け取ったことをエスクローエージェントに通知します。エスクローエージェントは買い手からの通知を受けて売り手に代金を送金し、取引が完了します。

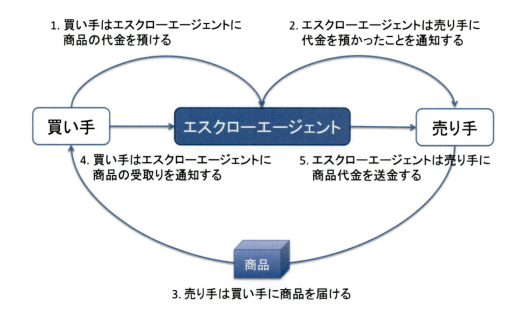

「商品が届かない」「商品が異なる」といった問題が買い手から報告された場合、エスクローエージェントは預かった代金を買い手に返金します。買い手から商品の受け取り通知がない場合は契約に基づき売り手に代金を送金します。エスクローエージェントは保証を提供する対価として代金の数パーセントを手数料として受け取り収益を上げています。

ブロックチェーンでどのように実現するか

従来のエスクローでは、買い手はエスクローエージェントに商品の代金を預け、取引の結果によってエスクローエージェントが預かっている代金を売り手に送金する、または買い手に返金するといった金銭の移動や手続きが伴います。ここではブロックチェーンを使って効率的にエスクローを実現する手法を説明します。

マルチシグを利用したエスクロー

ビットコインなどのマルチシグ（※）の仕組みを利用すると、エスクローの手続きをよりシンプルにすることができます。具体的にどのように実現できるのでしょうか。

※マルチシグネチャの略。マルチシグアドレスは複数のプライベートキーを持ち、そのうちいくつかのキーでトランザクションに署名し送金を可能にします。

買い手、売り手、エスクローエージェントがそれぞれ1つずつ秘密鍵を持ち、2つの秘密鍵で資金にアクセスできる2 of 3のマルチシグアドレスを用意します。買い手はこのアドレスに商品の代金を送金します。売り手は当該アドレスに代金が送金されたことを確認し、商品を発送します。買い手は商品を受け取り、売り手への送金トランザクションに署名します。続いて売り手も同じトランザクションに署名すると、秘密鍵2つで署名されたことになり、代金が売り手に送金されます。

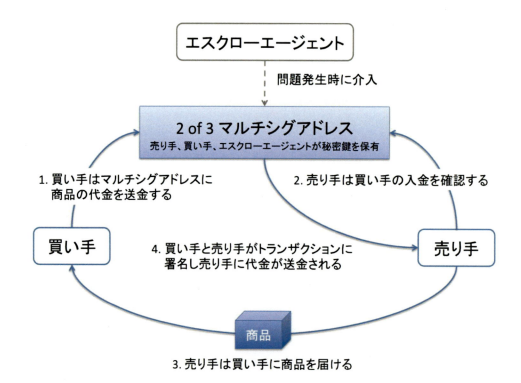

　取引に問題があった場合はエスクローエージェントが間に入り問題を解決します。たとえば、商品が届かない場合は買い手とエスクローエージェントが買い手に送金するトランザクションに署名することで代金が買い手に戻ります。買い手が商品を受け取っているにも関わらず署名しない場合は、売り手とエスクローエージェントが売り手に送金するトランザクションに署名することで代金が売り手に支払われます。

　従来のエスクローと比べてエスクローエージェントが介入する部分が少なくなり、取引のスピードアップ、手数料の低減につながり、ビットコインなどのネットワークを利用すれば送金コストの低減も期待できます。

Ethereumのスマートコントラクトを利用したエスクロー

　初心者のための分散型アプリケーション開発チュートリアル Dapps for Beginnersでは、スマートコントラクトをエスクローアカウントのように機能させ、オークションにおけるエスクローを実現する方法についてコードサンプルを示しながら解説しています。

・Two party contracts | Dapps for Beginners
 (https://dappsforbeginners.wordpress.com/tutorials/two-party-contracts/)

　チュートリアルのコードサンプルでは、オークションのシステムがコントラクトとして定義されています。まず、問題が発生しないケースを元に大まかなオークションの流れを見てみましょう。

1. アリスがギターを出品しオークションが始まります。

2. アリスのギターのオークション（コントラクト）に対して、入札者たちは入札者情報、入札額のEtherと合わせて入札者自身だけが知るランダムな数字から生成されたキーのハッシュを送信します。最高入札額で入札した場合、コントラクトは最高額入札者の情報を記憶し、Etherはコントラクトにキープされます（ひとつ前の最高額入札者にはEtherが返金されます）。コントラクトはオークションの終了期限まで入札を受け付けます。

3. オークション締め切り後、最終的な最高額入札者である落札者のボブはアリスに入札時に送ったキーを送ります。

4. アリスはボブから受け取ったハッシュのキーをコントラクトに渡します。このキーが正しい（SHA256関数を通して入札時にボブが使ったハッシュが得られる）場合、落札者しか知り得ない情報を知っているということが証明され、コントラクトはキープしていたEtherをアリスに送金します。

5. アリスは入金を受けてギターを発送します。

　取引中に問題が発生する場合はどうでしょうか。アリスが期限内に正しいハッシュのキーをコントラクトに渡せなかった場合、コントラクトは破棄され、コントラクトがキープしているEtherはボブに返金されます。アリスがボブにギターを送らなかった場合はどうでしょうか。コードサンプルでは、一定期間の後、落札者がコントラクトに対して商品が届かない旨通知し返金される機能が実装されていますが、実際はアリスがキーを受け取った時点で出金してしまうとボブに返金できなくなってしまいます。この問題は、出品者と落札者それぞれがコントラクトにデポジットと商品代金を預け、商品配送後に支払いか返金を決めた上、デポジットと商品および代金を適切に処理することで解消できます。

　スマートコントラクトを利用したエスクローは、現金を人間が預からないエスクローを実現できる点で従来のエスクローと一線を画します。基本的なエスクローであればシンプルなスマートコントラクトとして記述できることに驚く方も多いのではないでしょうか。

ブロックチェーンを利用したエスクローの応用

　従来のエスクローが保証してきた不動産やアート作品といった高額商品の取引に加え、ブロックチェーンの利用によりエスクローのコストが下がり、インターネットショッピングやオークション、クラウドソーシング、クラウドファンディングといった幅広い分野でブロックチェーンを利用したエスクローが広がりを見せる可能性があります。また、取引の履歴が改ざん不可能なデータとしてブロックチェーン上に記録されるため、安全な売り手または買い手であることの証明もしやすくなるでしょう。

6.2 クラウドセール

クラウドファンディング

　クラウドセールを知る前に、まずクラウドファンディングについて知っておく必要があります。クラウドファンディングとは、スタートアップ企業が資金調達を行う方法のひとつで、一般の方々

から少額の投資を集め、見返りに出来上がったサービスや製品の優先割引販売を行うといったことをします。その投資を集める場としてkickstaterやCAMPFIRE、makuakeといったサービスがたくさん展開されています。

クラウドファンディングから、実際に製品が量販されるようになったものも存在しています。たとえば、MaBeee（http://mabeee.mobi/）というスマホでオン・オフを操作できるIoT電池を作るプロジェクトでは、クラウドファンディングで600万円以上の資金調達に成功し、現在は量産されており、量販店でも販売され、Amazonでは一時品切れとなるほどの人気を博しています。

クラウドセール

クラウドファンディング自体もまだ新しいものですが、そのさらに新しい形として、クラウドセールというものがあります。これは、クラウドファンディングでは一般的に製品の優先割引購入権を渡すのと同じように、カウンターパーティーなどを通じて発行された仮想通貨のコインを渡す仕組みになっています。コインを渡すということで、ICO（Initial Coin Offering）という呼び方もされています。

しかし、何の価値もないコインと引き換えに、資金を提供する人はほとんどいません。一般の投資家からは、提供した資金にあった見返りを求められます。その見返りとして、サービス内で使われる通貨の優先発行や、利益配分の権利などが得られます。

ブロックチェーンで胴元なしに予測市場を行うAugur、分散型公証サービスのFactom、スマートコントラクトに特化したパブリックブロックチェーンプラットフォームのEthereum、ウォレットアプリのMyCeliumなどがすでにクラウドセールを通じて、資金を調達しています。

クラウドセールの例

ここでは、わかりやすい例としてFactomを紹介します。Factomは、分散型公証サービスを展開しており、ブロックチェーンに書き込むことで、ドキュメントの存在証明、ドキュメントの更新プロセスの証明、ドキュメントの更新監査証明などを実現するサービスです。Factomの場合クラウドセールで売られたものは、Factom内で使用される通貨factoidです。この通貨factoidはFactomの中で、証明作業を行う際に支払う手数料として使われます。2015年5月に終わったクラウドセールでは、2278BTCを集めました。これは当時の価格で約6400万円になります。

factoidの販売は、2015年5月15日に終了しました。

1,500人以上が参加し、4,379,973 Factoidsが販売され、2,278 BTCを調達できました。
皆様のサポートありがとうございました。

クラウドセールで調達した資金の使い道

　クラウドセールで調達した資金は、主にサービス開発の資金として使われます。MyCeliumのクラウドセールでは、得た資金をもとに開発する項目を7つ明示し、資金の調達を行っていました。

Top 7 New Tools Coming Soon

1] Fiat accounts: fully-fledged, blockchain based.

2] Inexpensive remittance: most popular corridors.

3] Debit cards: Wallet - linked and in-wallet-issued.

4] Personal finance: convenient handling of bills and invoices.

5] Investments: efficient portfolios and hedging.

6] Escrow-protected business transactions and bets.

7] Crypto assets creation and exchange.

早期割引

　クラウドセールの特徴として、早期割引があります。これは、クラウドファンディングでもよく行われています。主に、早い段階で多くの資金を集めるための施策だと思われます。実際にFactomでは以下の様な割引率でした。

・最初の1週間　1BTC（1ビットコイン）につき 2000Factoidを発行

・次の1週間　1BTCにつき、1900Factoidを発行

・以降毎週発行数が100Factoidずつ減る

・最後の10日間　1BTC当たり1500Factoidを発行

　このように、初期では約33%の割引を行い、徐々に最終価格へと割引率を下げていきました。以

下のグラフは、1BTCにつき、発行されるFactoidの量が時間の経過とともに減っていく様子を表しています。

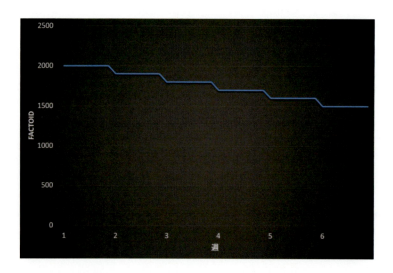

コインの価値変動

クラウドセールで売られたコインは、常に一定の価値になることはほとんど無く、価値の変動が起こります。これらのコインは、カウンターパーティー（http://counterparty.io/）や、Poloniex（https://poloniex.com/）などの取引所で売買され、ビットコインなどのメジャーなコインと交換できます。取引所では、コインの売買が行われているため、株価と同じように市場の原理が発生し、価格の変動が発生します。

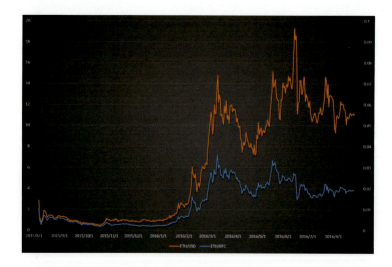

上記のグラフは、Ethereumの通貨であるETHとUSドルの交換レートのチャートです。Ethereumでは、2014年7月（グラフの期間より前）にプレセールと題してクラウドセールを行い、Ethereum内の通貨であるEther（イーサー 単位:ETH）を1BTC（1ビットコイン）につき2000ETHを引き換

えました。その後、42日間で段階的に値段を上げ、最終的に1BTCにつき1340ETHと引き換えました。当時は、1BTC 500USDぐらいだったので、1ETHは0.25USDから0.37USD程度のものでした。2016年8月現在は、11USD程度になっており、この時の最大44倍の価値になっています。

このように、コインの価値そのものが上がることによって、早期購入者が莫大な利益を得るパターンもあり、このメリットを求めて、クラウドセールに応募する投資家も多くいます。しかし、すべてのコインでこのような価格上昇は起こるわけではなく、クラウドセール時から原価割れという状況に陥った例も実際にあるのでご注意が必要です。

ここまで説明してきた通り、ブロックチェーンのスタートアップ企業は、クラウドセールを通して、一般の方にメリットを与えることで投資を募り、資金調達をします。そしてその資金をもとに開発を行い、ビジネスを広げ、ブロックチェーンの世界を広げ続けています。こうやって、ブロックチェーンの世界は広がり続けていきます。しかし世の中にはこのクラウドセールを使った詐欺も存在しているので、クラウドセールには、十分検討の上参加するか決めるようにしましょう。

6.3 Initial Coin Offering（ICO）

ICOとはInitial Coin Offeringの略で、ブロックチェーン技術を用いた仮想通貨の発行を通じた、クラウドファンディングの新しい形です。2017年に入ってからは、ICOを通じて数億円規模の資金を調達している企業も出ており、その注目度は上がっています。

ICO(Initial Coin Offering) とは

Initial coin offering（ICO：新規仮想通貨公開）とは、そのサービスやアプリケーション内で利用できる仮想通貨をサービス開発中の段階で先行発行し、クラウドファンディングの形の資金調達を行うことを指します。企業の株式公開であるIPO（Initial Public Offering：新規株式公開）にちなんでICOと名付けられています。

サービス提供者側にとっては、サービスをリリースする前に通貨部分を先に売り出して資金調達をすることで、開発やサービス展開への費用をまかなうことができます。そして、ICOに応じてくれたユーザーに対しては、サービス開始後にお得な形でサービスを受けられるよう、定価より安い金額設定でサービス内の通貨を販売します。

ICOは前述したクラウドセールと呼ばれていましたが、ここ最近ではICOという呼び方の方が一般的となってきました。そこで解説したとおり、ICOを理解するために、kickstaterやCAMPFIREといったクラウドファンディングを思い浮かべると良いでしょう。クラウドファンディングではリターンとして製品の購入権などが得られますが、ICOでは仮想通貨が得られる仕組みになっています。

日本においてICOは、第二号通貨として扱われることがほとんどです。直接現金と引き換えるのではなく、EtherやBTCなどの直接お金と引き替えられる第一号通貨と交換できる二次的な通貨として設計されることがよくあるからです。しかし、2017年にこの第一号通貨、第二号通貨のルールが定められた改正資金決済法（通称仮想通貨法）以降承認されたコインは一つもなく、日本の現状の法律ではほぼICOは不可能と言われています。

画像：Blockgeeks（https://blockgeeks.com/guides/what-is-an-initial-coin-offering/）

　ICOという概念は、Ethereumが初期の頃ICOを通じて資金を調達したことから徐々に浸透していき、分散型UberのArcade Cityや、分散型未来予測市場であるAugurといったサービスも、ICOを通じて資金調達をしています。

　このようにICOにおける仮想通貨はIPOにおける株式と似ていますが、異なる点もあります。たとえば、ビットコインはネットワークを維持するためのマイニングに対して報酬が与えられるので、そのエコシステム維持のためにビットコインが発行されています。それと同様に、ICOをする企業・サービス自体の価値を考えるだけでなく、重要なのはその仮想通貨の裏にあるブロックチェーンモデルの妥当性や使い続けるインセンティブも同時に考えなければいけない、という点です。

ICOのメリット・デメリット

メリット

　ICOのメリットとして、一般の投資家でもVC（Venture Capital）のように投資に参加できるという点があります。未公開プロジェクトに対して投資するべきかどうか、その投資対象が今後成功するかどうかを見極めて、個人レベルで実際に資金を投じることができるのは利点でしょう。

　またブロックチェーンを利用しているので、どれだけ離れていても投資ができる、第三者機関が不要、といった恩恵を受けることができます。Kickstarterなどのクラウドファンディングでも同様の利点がありますが、クラウドファンディング事業者という第三者が存在します。その点、ICOはトークン発行体と投資家という二者間のみのやり取りであるので、第三者の存在が完全に不要となります。

デメリット

　ICOのデメリットとして、ICOの対象となるプロジェクトや企業の信頼性を定量的に測定することが難しい点が挙げられます。ブロックチェーン上に仮想通貨を発行して販売するという行為は誰

もが可能なため、ICOをすることによってその事業を完遂させることができるかということに関して、十分な情報が入手できません。通常のIPOであれば財務諸表などを中心としたデューデリジェンスがなされますが、ICOの場合は通貨を購入しようとしている一般のユーザーにとってはそのような行為が難しいものとなってしまいます。

近年では投資の妥当性の判断材料となるホワイトペーパー以外にも、対象となるプロジェクトを正当に評価するためにGitHubを通じて開発コードを確認することによっても判断されます。しかしICOの場合、ブロックチェーンに関するコードの妥当性の判断は非常に難しいのが実情です。特にスマートコントラクトや分散アプリケーションといったコードは実際に正しく動作するかどうかもわからないことが多いため、その判断は困難を極め、事業に対して定性的な評価に留まってしまう可能性があります。

ICOについては、今後どのように投資判断をしていくのかが大きな問題になるでしょう。

Brave

Mozilla前CEOのBrendan Eich氏が立ち上げたブラウザ開発企業Braveが、2017年6月になんとICOを利用して、30秒以内に3500万ドルを調達しました。BraveはICOをするために自社独自の通貨Basic Attention Token（BAT）を10億枚発行し、その総額は3500万ドルに相当する15万6250ETH（イーサリアムブロックチェーンに関連した仮想通貨）です。

現状のネット広告のシステムに問題があると考えているEich氏は、ブロックチェーン技術を使って広告システムを効率化し、広告主・出版社・ユーザー全ての関係者がメリットを享受できるような仕組みを提唱しています。

Braveは同社のブラウザのメリットとして、読み込み時間の短縮や強いプライバシー管理機能を挙げているほか、ユーザーはBraveのブラウザ上でコンテンツを読むだけでお金を稼ぐことができるようになるかもしれません。

しかし、このICOには問題点も存在します。実際に独自通貨BATを購入した人はわずか130人しかおらず、中には一人で460万ドル分のBATを購入した人もいました。そして全体で見ると、投資総額の約半分がたった5人の投資家によるもので、投資額上位20人が発行されたBATの3分の2を手にしたとCoindeskは報じています。

ICOは判断の難しい投資であり、どの程度公募されるべきかという判断は難しいですが、個人投資家が入り込める余地を残しておくのは、ICOが一般化するにつれて重要な課題になってくると考えられます。

画像：Brave（https://brave.com/）

TenX

　シンガポールでのブロックチェーンのスタートアップTenXが2017年6月下旬に、開催された通貨販売で8000万ドルに近い資金を調達しました。同社の記事によると、TenXは金額にして約8000万米ドルの価値となる24万5832ETHほどを調達しました。これらETHは同社独自のPAYトークンに交換されました。

　TenXの提唱するプロトコルは、異なるブロックチェーン間での迅速かつ安全な取引を実現するものです。仮想通貨からデビットカードへ移し、店舗での決済も可能としています。約4000人が個人として通貨販売に直接参加しましたが、団体として資金をプールして通貨を購入した者もおり、ICOは7分も経たずに終了しました。以降は、PAYは仮想通貨市場でトレード可能となり、販売量が限定されていた最初の販売で通貨を購入できなかった4万人近くの参加者が、もう一度通貨購入の機会を得ることとなります。

画像：TenX | Medium (https://medium.com/tenx-wallet/reflecting-on-a-highly-successful-tenx-tokensale-b2705d593f1a)

　仮想通貨を利用した資金調達方法であるICOは、より資金調達をしやすい環境作りのための方法として注目されました。しかし一方でICOを利用した詐欺行為も増えたこともあり、参加の際には十分な注意が必要であるので、これを機に理解を深めておくと良いでしょう。

6.4 BasS

BaaSとは

　必要なソフトウェアを必要なだけインターネット経由で提供するSaaS（Software as a Service、サースと読んで「サービスとしてのソフトウェア」を意味します）、そのプラットフォーム版でソフトウェアを動かすOSやハードウェアを提供するPaaS（Platform as a Service、パース）について耳にしたことがあるという人も少なくないと思います。

　SaaSやPaaSに続いて、ブロックチェーンをクラウド上でサービスとして提供するBaaS（Blockchain as a Service、バース）という言葉も登場しました。BaaSには、ブロックチェーンがすぐに使えるよう、あらかじめ必要な設定がされた状態で提供されています。BaaSを利用するメリットはSaaSやPaaS同様、個々の企業やサービスがゼロからシステムを構築して稼働させる必要がなく、ブロックチェーンを利用したアプリケーションの開発に専念できることにあります。これはブロックチェーンを利用するハードルを下げるため、ブロックチェーンの普及に大きく影響すると考えられています。

　では、Amazon、IBM、Microsoftが実際に提供しているサービスを例にBaaSとはどのようなものなのか、何ができるのか具体的にみてみましょう。

各社のサービス

AmazonはAWS Blockchain TemplateやAmazon Mangaed Blockchainとして、IBMとMicrosoftはそれぞれのクラウドサービスIBM Cloud（旧Bluemix）、Microsoft Azure上でブロックチェーンに関するサービスを提供しています。

AWS Blockchain Template

画像：https://aws.amazon.com/jp/blockchain/templates/

AmazonのAWS Blockchain Templateは2018年4月に発表された比較的新しいサービスです。

Amazon Web ServicesのブログにAWS Blockchain Templateのリリース発表とプライベートなEthereumネットワークを開始する方法を紹介した記事があります（https://aws.amazon.com/jp/blogs/news/get-started-with-blockchain-using-the-new-aws-blockchain-templates/）

AWS Blockchain Templateでは、記事中で紹介されているプライベートなEthereumネットワークのほか、パブリックなEthereumネットワークとプライベートなHyperledger Fabricのネットワークを稼働させることができ、初期設定は数クリック、数分で完了するとあります。運用にあたってはネットワークの統計情報を一覧できるブラウザインターフェイスも提供されています。

利用料金はブロックチェーンネットワークの実行に必要なAWSのリソースの料金のみで追加料金はかかりません。

すでに、保険会社であるGuardian社や、金融サービスを提供するDTCC社などで利用が始まっています。

IBM Blockchain

画像：IBM（https://www.ibm.com/blockchain/jp-ja/platform/）

IBMはLinux FoundationのHyperledger FabricをベースにしたIBM BlockchainをIBM Cloud上でIBM Blockchain Platformとして提供しています。IBM Blockchainは業界横断で利用されることを想定したビジネス向けのプライベートブロックチェーンです。（https://www.ibm.com/blockchain/jp-ja/platform/）

IBM Blockchain Platformではプロトタイピングや教育目的での利用を想定したスタータープラン、実際の業務での利用を想定したエンタープライズプランの2種類のプランが用意されています。スタータープランは機能や利用条件に制限がつきますが無料です。エンタープライズプランについてはネットワークを構成するメンバーごとに1000ドル、さらにトランザクションの検証と承認などを行うピアごとに1000ドルの利用料がかかります（2018年5月時点）。IBMはプラットフォームと合わせてコンサルティングやソリューションの共同開発といったサービスもオプションとして提供しています。

IBM Blockchain Platformのもっともよく知られた事例としてダイヤモンドの管理台帳Everledgerがあります。そのほかシンガポールのFreshTurfの物流ソリューション、大和総研ビジネス・イノベーションの実証実験が事例としてIBM Blockchain Platformのウェブサイトで紹介されています。

本格的に利用するとなると相応のコストがかかり、大企業向けという印象ですが、EverledgerやFreshTurfはいずれも若い会社で、IBMは必ずしも大企業のみをターゲットとしているわけではなさそうです。

Microsoft Azure

画像：Azure（https://azure.microsoft.com/ja-jp/solutions/blockchain/）

Microsoftは同社のクラウドプラットフォームAzureで、EthereumやHyperledger Fabricをはじめ多数のブロックチェーンや関連サービスを提供しています。Microsoftは早い時期からBaaSにのりだし、Ethereumのβ版が提供された2015年には、Ethereumブロックチェーンに特化した分散型アプリケーションの開発スタジオConsenSysとのパートナーシップのもとEthereumブロックチェーンの提供を始めました（https://azure.microsoft.com/ja-jp/solutions/blockchain/）。

Azure MarketplaceではMicrosoftによってプライベート/パブリックEthereumブロックチェーン、Hyperledger Fabricが提供されているほか、Microsoftがローンチメンバーの一社でもあるEnterprise Ethereum Allianceが提供するJPモルガンのQuorum、同じくEnterprise Ethereum AllianceのローンチメンバーのBlockAppsによるブロックチェーンなどサードパーティーのものも含め多数のアプリケーションが提供されています（https://azuremarketplace.microsoft.com/ja-jp/marketplace/apps?search=blockchain）。

利用料金は無料のもの、時間あたりのもの、ライセンスを持ち込むもの、変動料金のものなどアプリケーションによって異なります。

Microsoftは Azure上でのブロックチェーンの利用事例として、3Mの不正開封がわかるスマートラベルとデータ共有の概念実証プロジェクト、オーストラリアの旅行会社WebjetのEthereumブロックチェーンを利用したホテル予約システム、シンガポール銀行協会とシンガポール金融管理局が主導する分散型台帳活用の試みProject Ubinを紹介しています。

また、Microsoftは2017年8月にブロックチェーンアプリケーションの統合的な開発環境を提供するオープンフレームワークを実装するミドルウェア「Coco Framework」を発表しています。Coco Frameworkの登場により、企業レベルで安全に複数のブロックチェーンを導入し高速にトランザクションを処理することがより現実的になりました。

ブロックチェーンに注目が集まる中、ここで紹介した3社以外にも、Googleが独自のブロックチェーン関連技術を開発中であると報道され、ソフトウェア大手Oracleは2017年Hyperledgerプロジェクトに参加しBaaS「Oracle Blockchain Cloud Service」についてComing Soonとして同社ウェブサイトでリリースを予告しています（https://www.bloomberg.com/news/articles/2018-03-21/google-is-said-to-work-on-its-own-blockchain-related-technology）（(https://cloud.oracle.com/ja_JP/blockchain)。

クラウドベースのサービスが提供されるようになり、ブロックチェーンを利用したアプリケーションやシステムの開発が身近になりつつあります。ブロックチェーンの利用を考えている企業の方、開発者の方はビジネスの種類、ブロックチェーンの用途、予算、開発の熟練度に応じて各社サービスを検討してみてください。

6.5 ステーブルコイン

円や米ドルなどの法定通貨との交換レートが一定に保たれた仮想通貨を「ステーブルコイン」（stable coin）と呼んでいます。ここではそのステーブルコインについて、概要、分類、仕組み、そして、今後について解説します。

ステーブルコインの概要

ビットコインをはじめとする仮想通貨は価格の変動幅が大きく、投機以外では使いにくいという側面があります。2010年にピザ2枚を1万ビットコインで買ったプログラマーの話を聞いたこともあるという人もいるでしょう。当時の1万ビットコインは40ドルほどという価値になりましたが、今となっては……。これは笑い話ですが、ビジネスで仮想通貨を使おうとすると、受け取る側は価格下落の不安を考慮するとすぐに法定通貨に換金せざるを得ません。

仮想通貨の長所は残しつつ、このような問題を解消するものとして、法定通貨と価格が連動するステーブルコインと呼ばれるタイプの仮想通貨が注目を集めています。古くから有名なものとして、2015年からTether社が発行している社名と同名のTetherがあります。CoinMarketCapのチャートを見てみると、Tetherの対米ドル価格はおよそ1ドルで安定（ステーブル）しています。

画像：Tether の価格推移（https://coinmarketcap.com/currencies/tether/）

　ステーブルコイン自体は新しいものではありませんが、仮想通貨やブロックチェーンがより広く知られるようになり、価格が安定し使いやすい便利な通貨のニーズが高まっていると考えられます。価格の安定性という点では直接法定通貨を扱ってもよいのですが、分散型であれば中央集権的な組織にコントロールされない、取引所や他の仮想通貨、スマートコントラクトとの相性がよいなどステーブルコインには法定通貨とは異なる強みがあります。

　このような状況で、IBMがStellarのネットワークを利用してステーブルコインの実験を開始、新しいステーブルコインが巨額の資金を調達し、著名投資家の投資を受けたなどといったニュースが報道され注目を集めています。

- Stable coins: Enabling payments on blockchain through alternative digital currencies – Blockchain Unleashed: IBM Blockchain Blog
  (https://www.ibm.com/blogs/blockchain/2018/07/stable-coins-enabling-payments-on-blockchain-through-alternative-digital-currencies/)
- IBM Backs the Development of Latest New Stablecoin, Stronghold USD – Bitcoin News
  (https://news.bitcoin.com/ibm-backs-the-development-of-latest-new-stablecoin-stronghold-usd/)

　また、Facebook社をはじめとして、リブラ協会が運営しようとしている、Libraもステーブルコインの体裁をしています。

　続いてステーブルコインの分類、背景にある思想や仕組みについて見てみましょう。

ステーブルコインの分類と仕組み

　ここでステーブルコインを分類してみましょう。

・中央集権・法定通貨担保型のステーブルコイン： Tether
・自律分散型のステーブルコイン

　　　仮想通貨担保型： Dai

　　　無担保： Basis

　　　ハイブリッド型： Reserve

中央集権・法定通貨担保型

　Tether社は自社の持つ法定通貨資産を担保にTetherを発行しています。ただし、Tether社という中央集権的な存在があり、特定の取引所との関係、Tetherの価値を担保できるだけの資産が本当に存在するのかなど物議を醸してきました。Tetherはステーブルコインの中で最大の時価総額をほこり、利用されてはいるものの、分散型でトラストレスであることを重視する仮想通貨の本来の思想とは相入れにくい部分もあります。

　このような背景から、中央集権的な組織が存在せず、スマートコントラクトで自律的に機能し、より透明性の高いステーブルコインが求められるようになります。分散型のステーブルコインの中には、続いて説明するDaiのように担保をとるものに加えて、Basisのように担保をとらないコインの構想も出てきています。

自律分散・仮想通貨担保型

　このタイプのステーブルコインの代表であるDaiは、MakerDAOがEthereumブロックチェーン上のMaker Platformで発行するステーブルコインです。(https://makerdao.com/)

　Daiの価格は2017年12月の発行開始以来およそ1ドルにゆるやかに固定されています。ホワイトペーパーでは "soft peg" という表現が用いられているように、厳密に1ドルに固定する方針ではないようです。

画像：Daiの価格推移（https://coinmarketcap.com/ja/currencies/dai より）

　Daiには開発の主体はあるものの、通貨の発行や管理に関して中央集権的な組織が存在するわけではありません。Daiを使いたい人は、取引所で入手する以外に、スマートコントラクトに担保としてEthereumを送ってDaiを入手することもできます。送ったEthereumはコントラクトの中に保持され、Daiを返還すると戻ってきます。

　Ethereumの価格が下落すると、Daiの価格を保証できなくなってしまいます。このような事態に備えてDaiを入手する際にユーザーは150%以上の担保率を設定して、多めのEthereumをスマートコントラクトに送ります。Ethereumの価格が上昇した場合は担保率が増加するだけなので問題ありません。価格が下落した時には、Ethereumを担保としてさらに送るか、Daiを返還するかして担保率150%を保つようにします。この担保率を保てない場合、担保が強制的にロスカットされてしまいます。

　この他にも、システムの統治（ガバナンス）や手数料の支払いに使われるMKRトークン、価格急落時の緊急メカニズムなどによってDaiの価格は分散かつ自律的に一定に保たれています。詳しくはMakerDAOによるMKRトークンの解説、Daiのホワイトペーパーが参考になります。

・What is MKR? – MakerDAO – Medium
　（https://medium.com/makerdao/what-is-mkr-e6915d5ca1b3）
・Dai White Paper（https://makerdao.com/whitepaper）

自律分散・無担保型

　このタイプのステーブルコインの代表として、Basisというステーブルコインがあります。(https://www.basis.io/）

BasisはGoogle出身らによって設立され、これまでにGoogleの親会社であるAlphabetのベンチャーキャピタルGVや、シリコンバレーのベンチャーキャピタルAndreessen Horowitzから1億3300万ドルの出資を受けました。まだローンチはしていません。

Basisのウェブサイトでは Basis について "Basis is a price-stable cryptocurrency with an algorithmic central bank."（Basis はアルゴリズミックな中央銀行をもつ価格が安定した仮想通貨）と説明しています。「アルゴリズミックな中央銀行」とあるのは、プログラムでアルゴリズムに基づいて通貨を発行し、供給量を調整するからでしょう。

Basisの価格維持や発行をサポートするトークンとして、変動価格のShareトークン、Bondトークンが存在します。Basisの需要が減ると、市場に出回っているBasisを回収するためにBondトークン、いわば債権が発行されます。また、Basisの需要が増えるとそのままの供給量ではBasisの価格はあがってしまうので、価格を一定に保つよう新しくBasisが発行されます。Shareトークンはいわばシステムの株式で、新規発行されるBasisを受け取る権利とみなすことができます。新規発行されたBasisはBondトークンの償還にあてられ、次にShareトークン所有者に分配されるといいます。

Basisについては概要や関連する概念を説明したホワイトペーパーが参考になります。(https://www.basis.io/basis_whitepaper_en.pdf)

ハイブリッド型

担保をとるDai、担保をとらないBasisのほか、両者のハイブリッド型のようなステーブルコインも存在します。このタイプのステーブルコインの代表として、Reserveというステーブルコインがあります。

Reserveの詳細はまだ明らかになっていませんが、PayPalの創業者のピーター・ティール氏やアメリカで最大の仮想通貨取引所Coinbaseが出資したことを報じたいくつかのニュースによると、Reserveは外部の仮想通貨資産と内部のシェアの両方を用いてコインの価格の安定を図るようです。

ステーブルコインの用途

ステーブルコインは価格変動が小さく抑えられることから商取引やお金の貸し借りでの利用が期待されますが、現状、仮想通貨のトレードで使われることがほとんどです。Tetherは多くの有名な取引所で取り扱いがあり、Daiは分散型の取引所を中心に扱われています。

トレードでの用途として、仮想通貨の価格下落側面などで一時的に資金を法定通貨にしたいものの、法定通貨を扱わない取引所であったり、海外の取引所だったりする場合、ステーブルコインとトレードしておけば法定通貨で換算した資産の目減りを手軽に防ぐことができます。

ステーブルコインの失敗事例

価格を一定に保つのは簡単なことではなく、名前の「ステーブル」に反してステーブルでなくなってしまったステーブルコインもあります。2018年8月現在、NuBitsは当初固定されていた1ドルを大きく割り込んでいます。

画像：NuBitsの価格推移 (https://coinmarketcap.com/currencies/nubits/ より)

　価格が高騰してしまったステーブルトークンもあります。SteemのトークンSteem Dollarsは、ステーブルであることを前面に押し出したものではありませんが、ホワイトペーパー（https://steem.io/steem-whitepaper.pdf）によると米ドルとの交換レートは1対1の設計です。一時期大きく価格が上昇して1SBDが10ドルを超え、現在は1ドルを少し上回るほどに落ち着いています。

画像：価格推移（https://coinmarketcap.com/ja/currencies/steem-dollars/）

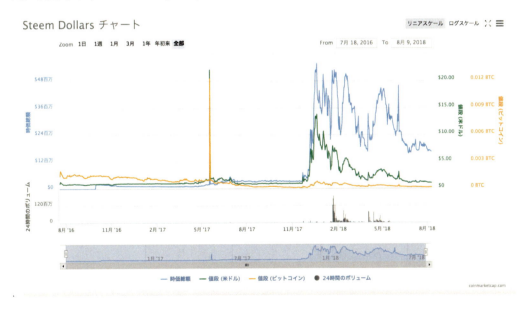

　価格の高騰はコインの保有者にとってはうれしい状況だったかもしれませんが、「ステーブル」と言われたのにステーブルでない状況はコインを使いにくくしてしまうという点では問題です。

時価総額の点では依然中央集権的なTetherが最大のステーブルコインですが、仮想通貨の思想に立ち戻った自律分散型のDai、Basis、Reserveといった新しいタイプのステーブルコインが登場し、支持を集めつつあります。とはいえ、これらの新しいタイプのステーブルコインも万能ではなく、DaiはEthereumを担保とするためEthereum以上にスケールできず、世界規模での使用には耐えられないかもしれません。Basisの中央銀行のような設計についても、価格下落時に本当にBondトークンが買われるのか、買われるとしてもBondが積み上がっている状況で恩恵を受けられないShareホルダーにメリットはあるのかなど様々な疑問が残ります。また、これらの新しいステーブルコイン共通の問題として、仕組みが複雑で理解しにくいこと、運用において誰がどのようにして価格の乖離を観測するのかといった問題も存在します。

当たり前のようにも聞こえますが、ステーブルコインは真に「ステーブル」であることが普及の鍵となります。国家でさえ為替レートや市場の資金量の調整に苦慮しています。これを透明性の高く、スマートコントラクトかつ自律分散型で実現しようというのが現在のトレンドであり、ステーブルコインの大きな挑戦といえるでしょう。

今後、Libraなどの新しいステーブルコインの本格的な運用を経て、設計や運用のベストプラクティスが見えてくることが期待されます。将来仮想通貨がより広く利用されるようになる第一歩として、ステーブルコインの今後の動向を見守っていきたいところです。

6.6 カラードコイン

2009年にビットコインが発明され、ブロックチェーンは発展してきました。当初のブロックチェーン市場はビットコインブロックチェーンのみでしたが、同様の機能を持つアルトコインが登場し、何千もの独立したブロックチェーンが出回ることになります。その流れの中で新たに登場したブロックチェーンが、ビットコインブロックチェーンを利用した「ビットコイン2.0プロジェクト」であり、その一つが「カラードコイン」と呼ばれるプロトコルです。ここではそのカラードコインについて紹介します。

カラードコインの背景

ブロックチェーンは2009年にビットコインブロックチェーンとして開発されて以来、約2年の間市場を独占していました。その後、ライトコインを始めとしたいくつもの数の「アルトコイン」が登場しました。このようなアルトコインは、ビットコインと比較してコインの発行枚数やトランザクション承認時間などのパラメータをいくつか変更させて、新たなコインを生み出したものです。すなわちビットコインの根幹的な機能をほぼ踏襲したものであると言え、ソースコードや仕様の多くを受け継いでいます。

しかし、アルトコインには問題点が存在します。それは、各アルトコインは独立したそれぞれのブロックチェーン上に成り立っているので、各ブロックチェーンにおいてマイナーが必要になってしまいます。するとビットコインに比べるとマイナーの数は明らかに減ってしまい、セキュリティが担保されなくなってしまいます。もちろんビットコインとの互換性もありません。現在ではきちんと動いているアルトコインは少数であると言われているように、将来的に消えてしまう可能性が

高いのです。

　そこで、ビットコインブロックチェーンを利用した「ビットコイン 2.0 プロジェクト」がいくつか立ち上がります。その中の一つが「カラードコイン（Colored Coins）」です。

画像：Colored Coins｜Youtube（https://www.youtube.com/watch?v=fmFjmvwPGKU&feature=youtu.be）

ビットコイン 2.0 プロジェクト

　ビットコイン 2.0 プロジェクトは、ビットコインブロックチェーンを利用し、新しいコインや資産を自由に発行させることができるプラットフォームです。ビットコインブロックチェーンは、トランザクションデータをブロックにまとめ、チェーン状に繋いでいく仕組みであることは既に解説しました。そのブロックであるビットコインのトランザクションデータにはコインの送金量や送信先といった情報が書き込まれているのですが、それらの情報に加えて追加で余分にデータを書き込める空き領域が存在します。その空き領域に異なる情報を追記することによって独自の資産を表現することができます。

　このようにビットコインのトランザクションデータを利用し、ビットコインブロックチェーンのレイヤーに乗って取引をするプラットフォームを構築していることから「ビットコイン 2.0 プロジェクト」と呼ばれています。

　ビットコインブロックチェーンのアドレスやマイナーを利用する構造をしているため、ビットコインの基本的な設計を受け継ぐことになります。大きなデメリットとして、ビットコインと同様にブロック生成にかかる時間は 10 分であり、ファイナリティに時間がかかってしまいます。しかし一方でビットコインの非常に強固なセキュリティを受け継げるという大きな利点があります。

カラードコインの機能

　カラードコインは、ビットコイン 2.0 プロジェクトの一つであり、ビットコインに「色（Color）」

をつけることで、株式や債券を始めとした金融資産や、金などのコモディティ、不動産などの固定資産といった、様々なアセットを取引できるプラットフォームです。ビットコイン以外の資産を表す「色」が、上述したビットコインブロックチェーンのスペースに追記する情報ということになります。

画像：Colored Coins｜Youtube(https://www.youtube.com/watch?v=fmFjmvwPGKU&feature=youtu.be)

同様のビットコイン2.0プロジェクトであるカウンターパーティー（Counterparty）やオムニ（Omni）も同じようにビットコインブロックチェーン上に独自コインを発行するプラットフォームとして機能しています。しかし、カラードコイン内には独自の基軸通貨はありません。（カウンターパーティーではXCPという独自通貨を使用しなければなりません。）またそのアドレスに独自のアドレスを使用していることもカラードコインの特徴です。

カラードコインの実装

カラードコインの事業化を目指してプロジェクトを実装している企業はいくつかあり、「Open Assets Protocol」「Colu」「CoinSpark」「ChromaWallet」の4つのプロジェクトが有名です。各プロジェクトの仕様は微妙な違いがあり、各プロジェクト間で作成した独自通貨は基本的に共有できません。

「Open Asset Protocol」はビットコインブロックチェーン上での使用が想定されており、ビットコインの取引データ上に追加のデータを入れることで、コイン、株式などの資産を表現するためのプロトコルです。ブロックチェーンが標準で持つデータの余白領域に、独自のアセットのIDをハッシュ、アセットの量を整数で表し、発行することで、流通させることができます。

イスラエルのスタートアップ「Colu」によるプロジェクトも同様に、ビットコインの基本的なトランザクションの上に、取引された通貨量だけでないメタデータの層を作ることです。すると、Coluを利用して作ったアプリケーションは、単なる仮想通貨だけでなく、鍵やチケットや役職など、様々なものがブロックチェーンベースのトランザクションによって承認できるようになります。Coluは世界最大の会計事務所である多国籍企業デロイト・トーマツとパートナーシップを締結しており、デ

ロイトとの協力において、クライアントの会計監査やコンサルティングをブロックチェーンに行ってもらうユースケースを想定して実証実験を行っています。

同じくイスラエル発の「CoinSpark」や「ChromaWallet」は、ビットコインネットワークで取引されたアセットの裏書きを行うなど、いずれもカラードコインをアセットの記録に利用しているウォレットです。UIを重視し、アセットの編集内容が充実していて、期限やドキュメント様式などのカスタム性に長けています。

NASDAQの応用例

主なカラードコインプロジェクトの応用の代表例として、アメリカの証券取引所NASDAQが利用しているブロックチェーンを使った未公開株式市場向けの分散型取引プラットフォーム「NASDAQ Linq」が挙げられます。このプロジェクトは上述したOpen Asset Protocolが用いられています。正確には、NASDAQが取引所として管轄する資産管理に関しては本プロトコルに基づいて実装がなされており、ブロックチェーン自体はChain.com（(https://chain.com/)により構築されたプライベートブロックチェーンを使用しています。Chain.comは2014年に創業してまもなくNASDAQのパートナーに選ばれ、NASDAQ Linqを構築しています。2015年9月には、VISA、Citi・仏通信企業orangeなどから3,000万ドルを調達しています。

現在は、複数のベンチャーがこのNASDAQ Linqを使い、IoT型の太陽光パネルを利用して電力を証券化・流通させるプロジェクトなどに取り組んでいます。また他にもNASDAQはブロックチェーンを活用した電子株主投票システムをエストニアで試験運用しています。

しかし、カラードコインを金融市場に応用するに当たって、非常に大きな課題があります。その一つがスケーラビリティです。通常時のビットコインブロックチェーンのスケーラビリティは7tps（件/秒）と言われています。しかし、たとえばクレジットカード決済で使用されるVISAネットワークは大よそ数千tpsです。金融商品は取引頻度が非常に早く、このスケーラビリティへの耐性がないと、プラットフォームとしては成り立ちません。従ってNASDAQはパブリックなビットコインレイヤー上で動くものではなく、プライベートなチェーンを開発しています。

カラードコインを利用すれば、企業や個人が独自のコイン・トークンを発行できるようになり、それらを基盤としたコミュニティや経済を形成することができます。こういった独自のコイン・トークンについてはまだまだ黎明期であり、新しい使われ方が提案・実用化されることが期待され、今後の発展に目が離せません。

6.7 プルーフ・オブ・バーン

ブロックチェーンの歴史的な流れとして、ビットコインのソースコードをベースに改造を加えた、多数のアルトコイン（派生仮想通貨）が登場してきました。さらに、アルトコインの課題を克服するために、ビットコインブロックチェーンのレイヤー上に乗って取り引きするプラットフォーム「ビットコイン2.0プロジェクト」が普及しました。ビットコイン2.0プロジェクトには、カラードコインといったものが含まれていますが、カウンターパーティー（Counterparty）という仮想通貨もそのひとつです。カウンターパーティーでは、独自コインを得るために、「Proof of Burn（プルーフ・オ

6. 機能に関する用語 | 159

ブ・バーン）」という仕組みを開発しました。それでは、Proof of Burnとはどのような仕組みなのでしょうか。

プルーフ・オブ・バーンの背景

　プルーフ・オブ・ワークやプルーフ・オブ・ステークを採用するコインは、初期の利用者がより多くのコインを手に入れられる仕組みであるため、不公平であると言った意見が挙がっています。そこでカウンターパーティー開発者は、「カウンターパーティーの独自コインが欲しい人には、ビットコインを送ってもらう（Burnする）ことでコインを使ったことを証明し、それに応じてアルトコインを発行する。その量が多ければ多いほど受け取れるコイン量を増やす」という設計にすることで、より公平なコイン発行の仕組みとなりました。

　そこで、カウンターパーティで使われる通貨であるXCPが初期発行されるとき、ビットコインを出し合ってその金額に応じて平等に分配がなされました。2014年1月に、およそ2000BTC以上のビットコインがBurnされてXCPが発行され、合計で約265万XCPが配布されました。すなわちこの発行時に、支払ったビットコインに応じてXCPが分配さており、供給量がこれ以上増えることはありません。そして現在では、そのXCPを燃やして、新しい独自通貨を作成・発行することができます。

　私たちが現在XCPを手に入れるためにビットコインを送ってもらう先は、その後は二度と使えないように、工夫されているアドレスです。使えないアドレスにビットコインが送られるので、当然のことながらそのビットコインを受け取って儲けるということはできません。これは中央管理者がアルトコインを売ってビットコインを受け取って儲ける、という悪質なアルトコインの使い方がされてきた前例に対抗して、そのような設計にしたと考えられます。

プルーフ・オブ・バーンの概要

　プルーフ・オブ・バーン（以下PoB）が登場した背景を踏まえ、PoBを簡潔に表すと、「誰にもわからない秘密鍵を持つアドレスにコインを送ることで、コインを二度と使えない状態にしたという証明」のことです。ここで、コインを「二度と使えない状態」にすることが、あたかもコインを燃やして使えなくすることに似ていることから「Burn」と名付けられました。二度と使えない状態のビットコインにする対価として、他の仮想通貨を貰うことができます。

　現在のビットコインはマイニング時にのみ新規に発行され、新規に発行されたビットコインは、

マイニングに成功したマイナーに対して報酬として付与されます。その時、マイニングによって新たなブロックを生成したマイナーがその報酬として得るビットコインの取引のことを「コインベース」と呼びます。ビットコインでは、コインベースという特殊なインプットを持つ取引記録を使って通貨発行を行っていると言えます。

PoBの仕組みとしては、送金者は、その後には使用不可能なアウトプットを持つ取引記録を作成することによって、送金したその金額をBurnしたことを証明すると、新しいコインは同額の価値を持つコインを得ることができるという仕組みです。これはマイニングによりビットコインを発行するのとは逆の手順であり、通貨を消滅（Burn）させる取引記録と、新しい仮想通貨の通貨発行を連動させることで実現しています。もちろんコインを送ったことは、ブロックチェーンで誰でも確認できる状態になります。

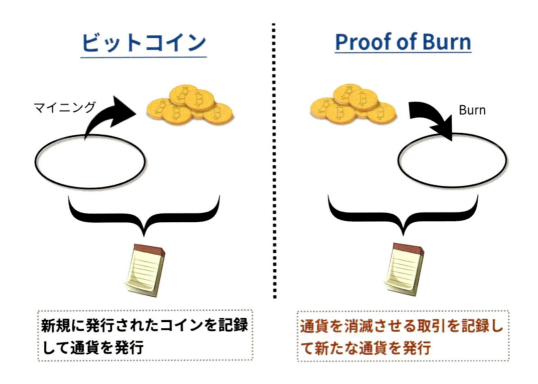

カウンターパーティー（Counterparty）

カウンターパーティーは、初めてPoBシステムを使用したことで有名です。カウンターパーティーは独自通貨である「XCP」を用意しており、カウンターパーティー上で使用できます。そのXCPの配布方法としてPoBが用いられているのです。

カウンターパーティーにおけるPoBは、1CounterpartyXXXXXXXXXXXXXXXUWLpVrというビットコインアドレスにビットコインを送信することにより、送信額に応じてカウンターパーティーの通貨

であるXCPが貰える仕組みとなっています。　1CounterpartyXXXXXXXXXXXXXXUWLpVrという非常に規則的な文字列からなるアドレスであることから、このアドレスに対応する秘密鍵は誰も知りません。従って、アドレス内のビットコインを使用することは実質的に不可能となっており、「誰が得してお金がどこに送られたか」といった問題がなくなることも利点です。このアドレスはBlockchain.infoから確認できます。

画像：XCP Proof of Burn｜Blockchain.info(https://blockchain.info/address/1CounterpartyXXXXXXXXXXXXXXUWLpVr)

　XCPの作成にあたり、カウンターパーティー開発者はBurnしたビットコインの量に対してXCPを自動で分配するという仕組みをプロトコルレベルで組み込みました。これはつまり、カウンターパーティーの開発者を含め、ネットワーク参加者全員に平等にプロトコルが適用されるということです。このような方法でコインを発行・分配することで、参加者全員がいくらのビットコインがBurnされたのかを公平に確認できます。たくさんビットコインを送金した人ほどたくさんのXCPが付与されるので、透明性・公平性を保つことにカウンターパーティーは成功したのです。

　このようにPoBはビットコインレイヤーをうまく活用して発明された証明方法であるということが理解できたでしょうか。有名なプルーフ・オブ・ワークのみならず、様々な合意形成アルゴリズムが存在し、ブロックチェーンの奥はとても深いです。ぜひ今後も合意形成アルゴリズムに注目してみて下さい。

6.8 Proof of Existence

　ブロックチェーンには、一度書き込まれると二度と書き換えられない、そして改ざんに強いという性質があります。これらの性質を利用した、ドキュメントなどの存在を証明する「Proof of Existence」という使い方について紹介します。

Proof of Existenceとは

　Proof of Existenceは、ドキュメントがある時刻に存在していたということを証明するという機能です。日本語では「存在の証明」や「公証」と呼ばれています。

　Proof of Existenceでは、まずドキュメントをハッシュ化します。ドキュメントをハッシュ化することで短い文字列に要約することができます。そのどのドキュメントのハッシュと時刻をブロックチェーンに書き込みます。こうすることで、ブロックチェーンの一度書き込まれると二度と書き

換えられない性質を利用することにより、ある時刻にこのドキュメントが確実に存在していたという事実を永久にブロックチェーンに残すことができます。そして、ブロックチェーンが改ざんに強いという性質が、その信頼性を向上させています。ブロックチェーンをこのように使うことにより、ビットコインのようなお金のやり取りだけでなく、ドキュメントの保存や知的財産権の主張、オンライン契約などに応用することができます。

Proof of Existence の使い方

とても紛らわしいのですが、このProof of Existenceを利用した「Proof of Existence」というサービスがあります。このサービスはビットコインを持っていれば誰でも利用することができます。以下のURLのトップ画面を開いたら、自分の持っているドキュメントをアップロードします。「Proof of Existence」ではファイルをアップロードするとそのハッシュ値が導き出されます（

PROOF OF EXISTENCE   ♡ HELP

Select a document and have it certified in the Bitcoin blockchain What?

> Click here or drag and drop your document in the box.
> The file will NOT be uploaded. The cryptographic proof is calculated client-side.

Submissions
Documents registered for certification

Document Digest	Timestamp
cefa2a406f15bb1bbd5632fde2fe09e3bc374e1d017bad7aee2a480dbc810a7c	2017-11-04 13:06:41
7ac650a3d54463cb2ca20a0c63002e38bba8f299b2760649d3e6bc62f7ba69f2	2017-11-04 11:57:28
55c13f93380c2d65ab2889de7c133f4361099c1cb4cc64fab7950973f57bf094	2017-11-04 10:20:36
16ff008f1f91c691f518c7b034bbc73edd63121e9fe9621caf279f7c5594eea1	2017-11-04 09:49:16

）。

ファイルをアップロードしてProof of Existenceを利用する際には、ビットコイン0.005BTC以上を指定されたビットコインアドレスに送信します。ビットコインを送信してしばらくすると「Document proof embedded in the Bitcoin blockchain!」と表示され無事送信完了です。これでビットコインのブロックチェーン上に記録が残ります。

画像：PROOF OF EXISTENCE (https://poex.io/)

もし、登録したドキュメントの存在の証明をしたい場合は、手元にあるドキュメントのハッシュをとり、導き出されたハッシュ値と、ブロックチェーンに書き込まれたハッシュ値を比較して、この2つのハッシュ値が一致していれば、たしかに当時登録したドキュメントであるということが証明されます。

Factom

Proof of Existenceを実現したサービスとして、もうひとつFactomが挙げられます。「Proof of Existence」とは異なり、Factomでは独自のチェーンと通貨「Factoid」を持っており、独自のブロックチェーン上の記録をビットコインのブロックチェーンに書き込むようになっている、ビットコインブロックチェーンの上のレイヤーに存在するプロトコルです。

画像：Factom（https://www.factom.com/）

Factomも基本的に「Proof of Existence」と同様の原理を利用していますが、ビットコインのブ

ロックチェーン上にドキュメントのハッシュを直接記録することには、いくつか問題点があるため、それらを回避しています。

　まずはコスト面での問題です。ビットコインのブロックチェーン上に直接データを記録する場合には、取引手数料が発生します。大企業や団体が Proof of Existence を利用したい場合には数万単位のドキュメントを記録したいというニーズがあり、この場合非常に多くのコストがかかってしまいます。

　次に、ビットコインはブロックチェーン上の承認に平均して10分程度の時間がかかってしまいますが、大量のドキュメントを一度に保存したい場合には、このスピードがボトルネックになってしまいます。さらに、ビットコインのブロックチェーンでは、1秒間に7トランザクションが処理の限界となっており、数万単位でのドキュメントをブロックチェーン上に一気に記録しようとしても、現状のブロックチェーンでは処理が追いつかないというデメリットもあります。

　Factom ではビットコインブロックチェーンを直接書き込むのではなく、複数のドキュメントのハッシュ値を Factom 独自のチェーンに置くことで大量のドキュメントをさばきます。そして、信頼度を上げるために、10分に一度書き込まれたハッシュ値についてマークルツリーを利用して1つのハッシュ値にまとめ、ビットコインのブロックチェーンに書き込みます。こうすることで、ビットコインのブロックチェーンに負担をかけずに Proof of Existence を実現しています。

　Proof of Existence は権利や契約の証明、またライフログといった様々な記録の保存に役立つ可能性を秘めています。将来的には日常生活に応用される可能性の高いブロックチェーンの利用方法だと考えられています。この Proof of Existence が、社会にどういった変革をもたらすのか興味が湧いてきたのではないでしょうか。

著者紹介

峯 荒夢 (みね あらむ)

シェアリングエコノミーに注力する株式会社ガイアックス開発部のブロックチェーン担当マネージャー。シェアリングエコノミーを支える最も重要な技術としてブロックチェーンに取り組む。ブロックチェーンで応援を力に変えるサービスの「cheerfor（チアフォー）」や、Facebook社を中心に開発が進んでいるLibraを使ったプロトタイプの開発を行っている。社外では、ブロックチェーンの国際標準を検討するISO/TC307国内検討委員にも名を連ねている。

◎本書スタッフ
アートディレクター/装丁：岡田章志＋GY
編集協力：飯嶋玲子
デジタル編集：栗原 翔

〈表紙イラスト〉
はこしろ
フリーランスのイラストレーター。書籍の表紙からweb用のイラスト、アナログゲームイラストまで、広く手がける。

技術の泉シリーズ・刊行によせて

技術者の知見のアウトプットである技術同人誌は、急速に認知度を高めています。インプレスR&Dは国内最大級の即売会「技術書典」（https://techbookfest.org/）で頒布された技術同人誌を底本とした商業書籍を2016年より刊行し、これらを中心とした『技術書典シリーズ』を展開してきました。2019年4月、より幅広い技術同人誌を対象とし、最新の知見を発信するために『技術の泉シリーズ』へリニューアルしました。今後は「技術書典」をはじめとした各種即売会や、勉強会・LT会などで頒布された技術同人誌を底本とした商業書籍を刊行し、技術同人誌の普及と発展に貢献することを目指します。エンジニアの"知の結晶"である技術同人誌の世界に、より多くの方が触れていただくきっかけになれば幸いです。

株式会社インプレスR&D
技術の泉シリーズ　編集長　山城 敬

●お断り
掲載したURLは2019年8月1日現在のものです。サイトの都合で変更されることがあります。また、電子版ではURLにハイパーリンクを設定していますが、端末やビューアー、リンク先のファイルタイプによっては表示されないことがあります。あらかじめご了承ください。
●本書の内容についてのお問い合わせ先
株式会社インプレスR&D　メール窓口
np-info@impress.co.jp
件名に「『本書名』問い合わせ係」と明記してお送りください。
電話やFAX、郵便でのご質問にはお答えできません。返信までには、しばらくお時間をいただく場合があります。
なお、本書の範囲を超えるご質問にはお答えしかねますので、あらかじめご了承ください。
また、本書の内容についてはNextPublishingオフィシャルWebサイトにて情報を公開しております。
https://nextpublishing.jp/

●落丁・乱丁本はお手数ですが、インプレスカスタマーセンターまでお送りください。送料弊社負担 にてお取り替えさせていただきます。但し、古書店で購入されたものについてはお取り替えできません。

■読者の窓口
インプレスカスタマーセンター
〒101-0051
東京都千代田区神田神保町一丁目 105番地
TEL 03-6837-5016／FAX 03-6837-5023
info@impress.co.jp

■書店／販売店のご注文窓口
株式会社インプレス受注センター
TEL 048-449-8040／FAX 048-449-8041

技術の泉シリーズ

基本用語から最新規格までをわかりやすく～ブロックチェーン用語集

2019年9月20日　初版発行Ver.1.0（PDF版）

著　者　峯 荒夢
編集人　山城 敬
発行人　井芹 昌信
発　行　株式会社インプレスR&D
　　　　〒101-0051
　　　　東京都千代田区神田神保町一丁目105番地
　　　　https://nextpublishing.jp/
発　売　株式会社インプレス
　　　　〒101-0051　東京都千代田区神田神保町一丁目105番地

●本書は著作権法上の保護を受けています。本書の一部あるいは全部について株式会社インプレスR&Dから文書による許諾を得ずに、いかなる方法においても無断で複写、複製することは禁じられています。

©2019 Aramu Mine. All rights reserved.
印刷・製本　京葉流通倉庫株式会社
Printed in Japan

ISBN978-4-8443-7809-9

NextPublishing®

●本書はNextPublishingメソッドによって発行されています。
NextPublishingメソッドは株式会社インプレスR&Dが開発した、電子書籍と印刷書籍を同時発行できるデジタルファースト型の新出版方式です。https://nextpublishing.jp/